L'ANNÉE HORTICOLE,

INSTRUCTIONS SUR LES

TRAVAUX MENSUELS DE JARDINAGE

POUR LE NORD DE LA FRANCE,

PUBLIÉES

Par la Société d'Horticulture de Clermont (Oise),

Sous le patronage de M. le vicomte de PLANCY, député de l'Oise,

ET RÉDIGÉES,

PAR **M. A. Delaville** AINÉ,

AVEC LE CONCOURS DE LA COMMISSION PERMANENTE DE LA SOCIÉTÉ.

Clermont (Oise).

IMPRIMERIE DE CHARLES HUET, RUE DE CONDÉ, 72.

1864

A MONSIEUR LE VICOMTE

DE PLANCY,

PRÉSIDENT DE LA SOCIÉTÉ D'HORTICULTURE DE CLERMONT.

MONSIEUR LE VICOMTE,

La Société que vous présidez a décidé, dans sa séance du 23 février 1862, qu'elle publierait dans chacun de ses Bulletins un calendrier de travaux mensuels pour la région du Nord de la France. Les Membres de la Commission permanente ont été chargés de la rédaction de cette publication. L'accueil empressé qu'elle a reçu et les demandes réitérées qui ont été faites de voir nos publications de chaque mois réunies en un volume, ont de nouveau décidé la Société à publier un calendrier spécial augmenté d'une liste de nos meilleurs légumes et fruits. J'ai été chargé de la composition de ce recueil.

S'occuper avec quelque succès de l'horticulture, c'est acquérir des droits à votre estime et à votre bienveillance. Puissions-nous avoir assez de titres à l'une et à l'autre, pour obtenir de vous la permission d'inscrire votre nom au frontispice du premier livre que publie la Société d'Horticulture de Clermont !

Permettez-moi, M. le Président, de vous offrir l'expression sincère de mon dévouement respectueux,

A. DELAVILLE aîné.

JANVIER.

Culture potagère de pleine terre.

Le mois de janvier étant ordinairement rigoureux pour la région du Nord de la France, il est bon d'être muni de toutes sortes de couvertures ; mais surtout donner de l'air quand la température le permet. Enlever les feuilles pourries des céleris, chicorées, choux-fleurs, cardons, etc. Terminer les fumures et les labours d'hiver qui n'auraient pas encore pu être achevés. Répandre sur les terrains que l'on doit défoncer de la litière ou des feuilles pour empêcher le sol de geler. Continuer la démolition des vieilles couches et les dépôts de vieux terreaux comme dans le mois précédent. Pendant le mauvais temps, faire provision de paillassons et de tuteurs. Réparer les coffres à châssis et en faire de nouveaux, de préférence en sapin. Vers le 15, si le temps le permet, continuer les semis de pois hâtifs, tels que Michaux, dorés de Fitz-James, puis d'autres variétés moins précoces, parmi lesquelles nous recommandons les pois ridés ou à moelle, et spécialement le Napoléon, afin d'obtenir des récoltes successives. On sème aussi les premières fèves de marais, la variété verte de préférence. Dans quelques terrains très-chauds et légers et à bonne exposition, on peut semer des oignons rouges, en ayant soin de terreauter le sol et de le couvrir de litière dans les gelées.

Couches.

Notre contrée est généralement froide et tardive à produire au printemps ; aussi les couches sont-elles les seules ressources pour approvisionner les cuisines et les marchés. On ne saurait donc en faire jamais assez.

C'est en janvier que toutes commencent en grand à être garnies de produits à l'état d'enfance, depuis la couche chaude de 35 degrés cent., en descendant graduellement jusqu'à la couche tiède. On y continue les semis de carottes courtes hâtives, avec radis roses dedans, ou une plantation de laitues Gotte à grande distance, et vers la fin du mois, on commence les plantations sous cloches également de laitues Gotte, Georges, d'Alger, avec une romaine verte hâtive au centre de chaque cloche, puis une autre également à l'air libre, qui ne sera abritée que par les paillassons, pour fournir une deuxième saison. Les choux-fleurs se plantent aussi sous châssis sur deux rangs, à six par panneau, après que les laitues Gotte sont à moitié venues. La première saison de poireau peut être semée sous châssis et ensuite plantée en pépinière en pleine terre. On continue de chauffer les asperges vertes et blanches, et d'entretenir la chaleur des réchauds de celles chauffées dans le mois précédent. On peut planter une première saison de pommes de terre Marjolin, sur couche, mais de préférence en pots, ce qui les aoûte plus tôt, mais sur couche tiède et avec de l'air s'il ne gèle pas, et avec des tubercules verdis en automne et munis d'un germe trapu. On continue sur couche chaude les semis de haricots et fèves naines à châssis, et pois *idem* ; et à grande chaleur le semis de chicorée fine d'été, il faut les repiquer quinze jours après sur une couche moins chaude, mais encore de 20 à 25 degrés cent. On continue aussi à chauffer les fraisiers, soit sur place par des réchauds autour des coffres, ou en pots sur couche, ou mieux en bâche chauffée au thermosiphon. Dans ce mois, les semis de melons et concombres prennent plus d'extension, toujours sur couche chaude de 30 à 35 degrés cent. On repique les semis faits dans le mois précédent. Les fournitures de salades, telles que cresson alénois, céleris à couper, pourpier doré et petite laitue à couper peuvent être semés sur couches tièdes. On fait dans les caves des couches chaudes pour cultiver la chicorée sauvage dite Barbe de capucin.

Arbres fruitiers et de pépinières.

On continue, lorsque le temps le permet, la plantation des arbres fruitiers comme dans le mois précédent. On continue aussi le dépalissage des espaliers et la taille des arbres à pépins, mais on fera bien de s'abstenir d'une taille générale par les fortes gelées, pour éviter la rupture des écorces. Si dans l'été on a laissé sans les pincer quelques bourgeons vigoureux pour obtenir des yeux à boutons à fruits pour la greffe, on fera bien de les arquer. On doit aussi fumer le pied des arbres, non pas le tronc, mais bien le chevelu circulairement et sans enterrer le fumier par aucun outil, excepté les fruits à noyaux qui ne doivent être fumés qu'en avril ; il faut aussi bien nettoyer les arbres de leurs vieilles écorces rugueuses. Cette opération se fait à la serpette, mais sans endommager la partie verte située sous l'épiderme. Par les temps humides, on enlève les mousses et les lichens avec l'aide d'un lavage à la brosse raide et, pour plus de sûreté, on fait suivre cette opération d'un chaulage ; c'est aussi le meilleur moment de se débarrasser du puceron lanigère, ce redoutable ennemi du pommier. Avant et après avoir, avec un outil tranchant, enlevé à vif les chancres laineux où ils sont groupés, on badigeonne à l'eau bouillante, à l'aide d'un gros pinceau et mieux encore avec une brosse raide nommée passe-partout, toutes les plaies, et en répétant quelquefois cette opération, on sera dédommagé de ses peines par la destruction complète de cet insecte. C'est aussi le moment de réparer les treillages de bois, ainsi que les pieux et les tuteurs; il suffit de les tremper dans un bain de sulfate de cuivre de deux parties, contre 98 parties d'eau. Le pépiniériste doit préparer ses boutures d'arbres et d'arbrisseaux d'ornement, et après les avoir liés par bottes il les piquera le pied dans le sable, au nord, près d'un mur ; et dans la serre à multiplication, il fera ses boutures d'arbustes à feuilles persistantes. Les branches destinées à être greffées seront aussi piquées au nord près d'un mur, ou dans le sable dans une cave. Il faut bien soigner la fruiterie, la tenir hermétiquement fermée et la garantir du froid, puis envelopper les poires et les pommes que l'on veut conserver longtemps dans du papier blanc. Les arbres fruitiers forcés réclament de plus en plus de la chaleur, jusqu'à 25 degrés cent., puis, aussitôt leur floraison, il faut les faire profiter des rayons solaires et d'un peu d'air pour aider la fécondation.

Jardins d'agrément.

La plantation des arbres et arbustes et le défoncement des terres pour les recevoir, sont les occupations du mois de janvier. S'il tombe beaucoup de neige sur les arbustes à feuilles persistantes, il faudra secouer ces derniers pour éviter la rupture de leurs branches. On aura toujours soin de la propreté des gazons, des allées et des bosquets. On continue les travaux neufs, les changements à opérer dans les dessins paysagistes, ainsi que le défoncement des vieux gazons usés. On restaure les allées par un bon fond de pierrailles, qui sera chargé de sable, ou mieux de gravier de rivière. On creuse les corbeilles destinées aux rhododendrums et azalées, qui réclament de la terre de bruyère sur une profondeur de 50 centimètres, mais la plantation de ces arbustes ne sera faite qu'en mars. Les plantes qui auront été couvertes dans les temps froids, réclament de | la lumière lorsqu'il fait doux.

Serres.

Les bâches où sont conservées les plantes réclament beaucoup de surveillance intérieurement, pour éviter la pourriture, par du nettoyage, du renouvellement d'air et la couverture avant le coucher du soleil. Quant aux serres elles-mêmes, il faut leur appliquer les mêmes soins qu'en décembre. Dans l'intérieur, il faut éviter la décomposition des feuilles et des tiges herbacées causée par l'absence de soleil, faire les épluchages, entretenir la chaleur selon la nature des plantes; et à l'extérieur, soigner les couvertures et le déblai des neiges qui causent de l'humidité et fatiguent les serres. Toujours très-peu d'arrosement, à moins de grandes chaleurs de serres chaudes; on peut, vers la fin du mois, commencer les boutures des plantes molles et dures de serres tempérées, mais à la condition d'habituer les pieds mères pendant une dizaine de jours à la chaleur de la serre à multiplication. Vers la fin du mois on fera profiter les serres de l'action bienfaisante du soleil, on essuiera les feuilles humides et celles chargées d'insectes ou de noir, et on donnera un peu d'air s'il fait beau. On pourra continuer de faire fleurir les plantes du mois précédent. Les plants d'ananas qui auront été levés de la pleine terre au commencement de novembre étant enracinés et en végétation, on les espacera de 50 à 60 centimètres, puis on donnera des mouillures au besoin; on les tiendra toujours sur une couche recouverte de 25 centimètres de tannée. Pour obtenir les plus beaux fruits d'ananas, il faut les planter en pleine bâche dans la serre et sur un plancher chauffé au-dessous par les tuyaux du thermosiphon.

FÉVRIER.

Culture potagère de pleine terre.

Lorsque les mois de décembre et de janvier n'ont pas été rigoureux, il faut se mettre en garde contre les gelées et les dégels alternatifs du mois de février, ne découvrir les plantes qu'avec prudence et avoir toujours en réserve de la litière, des feuilles et des paillassons pour s'en servir au besoin. — Il faut remanier les tas de terreaux et d'engrais, afin de les ameublir et de les avoir prêts à les employer. — Dans la première quinzaine du mois, continuer les semis de pois comme ils ont été indiqués dans le mois précédent, pour avoir des récoltes successives. — Dans la seconde quinzaine, on peut faire les semis de printemps, commencer dans les sols chauds, légers et bien exposés et attendre le mois de mars pour les sols froids. Ainsi, dans de bonnes conditions, on peut semer les oignons rouges-pâles de Niort et les jaunes des Vertus, en mettant dedans quelques graines de sariette, persil, poireau ou laitue. On sème aussi en planche ou en rayon une première saison d'épinards, cerfeuil, radis, que l'on renouvelle tous les quinze jours, puis, pimprenelle, panais ronds, carotte hâtive et demi-longue, poireau gros de Rouen, persil, scorsonère et salsifis blancs, et sur côtière terreautée, des laitues d'été, telles que blonde et brune paresseuses, *idem* trapue, laitue Chou-de-Naples, palatine rousse et la Turque, ainsi que les romaines blonde et grise maraîchères, grosse blonde, de Brunoy, etc., des radis ronds et demi-longs hâtifs. On peut aussi, si le temps le permet, commencer à planter les petits oignons ciboules, l'oignon blanc, l'ail, l'échalotte, l'oignon suisse. — Les premières plantations de pommes de terre Marjolin peuvent être faites avec des tubercules verdis en automne ; on fera bien de couvrir chaque tubercule d'une bêchée de terreau léger et ensuite d'un peu de litière pour garantir les germes des gelées tardives. Si le temps le permet, on peut découvrir légèrement les artichauts. — On peut aussi ouvrir les fosses d'asperges destinées à être plantées en mars, pour ameublir le sol avant de les emplir de fumier. — Il faut semer les asperges qui, deux ans après, doivent être plantées sur couche comme asperges aux petits pois. — On fait les plantations de fraisiers qui n'ont pu être plantés en automne.

Couches.

On continue de chauffer les asperges sur place et de remanier les réchauds des couches, afin de raviver la chaleur. C'est dans ce mois que l'on fait le plus de couches pour y semer et planter la deuxième saison de tout ce qui a été fait en janvier sous cloche, et sous châssis, comme semis de carottes courtes hâtives et demi-longues, radis roses hâtifs, haricots variés en plusieurs saisons, pois et fèves à châssis, des choux-fleurs en pépinière, puis, sur couche très-chaude, les semis de chicorée fine d'Italie, et, sur couche tiède, les semis de laitues et romaines variées en pépinières, ainsi que du céleri Turc. On repique les semis faits dans le mois précédent. — On continue la plantation de laitues, romaines, et choux-fleurs, comme en janvier, mais plus sous cloches que sous châssis, ou en plein air préservés par des paillassons. On continue la plantation des pommes de terre Marjolin sur couche tiède, mais à plein châssis, ainsi que sous cloches les laitues Georges et d'Alger cultivées en novembre sur ados à froid.

On continue aussi de chauffer les fraisiers, de préférence : la Princesse royale, la Marguerite (Lebreton), la sir Harris (grosse fraise), et la noire ou la brune des quatre saisons (petite fraise). Il faut continuer sur couches chaudes et sous châssis les semis de melons de plusieurs variétés, mais principalement le gros Prescott hâtif et le cantaloup fond blanc de Gontier, ainsi que les semis de concombres, aubergines, piment, tomates, pour repiquer ces trois derniers sous châssis. — Semer la tétragone en pépinière sur couche tiède. — On fait des couches chaudes pour recevoir les melons semés en janvier et attendre que la chaleur soit descendue à 30 ou 35 degrés pour y planter les melons qui ont plusieurs feuilles bien développées. — On évite l'humidité sous les châssis au moyen de mousse très-sèche épandue autour des pieds et renouvelée. Lorsque les melons auront besoin d'être étêtés, on le fera au-dessus de la deuxième feuille, après que la troisième sera développée. Agir de même pour les concombres. — Pour rendre les melons robustes, il faut donner beaucoup d'air par le beau temps, en évitant d'ombrer le plus possible. — Avoir soin d'enlever les feuilles pourries et donner un peu d'air dans les plantations de laitues, ainsi qu'aux radis et aux pommes de terre, pour éviter qu'elles ne s'étiolent. — C'est le moment de chauffer le chou Crambé.

Arbres fruitiers et de pépinières.

Il faut se hâter de terminer les plantations qui n'ont pu être faites plus tôt. — Le mois de février et la première quinzaine de mars sont essentiellement consacrés à la taille des arbres fruitiers, en commençant par les poiriers, pommiers, pruniers, cerisiers et vigne, puis ensuite les abricotiers et les pêchers, ainsi que les groseillers et les framboisiers. — Le pépiniériste peut semer ses pépins de poiriers et pommiers, ainsi que plusieurs graines d'arbres et d'arbrisseaux qui n'ont pas l'enveloppe osseuse, tels que marronnier, châtaignier, cytise, spirée, rosiers, etc. ; puis continuer à enterrer auprès d'un mur, au nord, toutes les branches destinées à être greffées en fente ou en couronne. — On termine le nettoyage des arbres fruitiers ainsi que l'enlèvement des écorces rugueuses ; la vigne subit la même opération. — Sur la fin du mois et selon l'avancement des boutons à fruits, on commence à poser les auvents sur les pêchers et autres arbres analogues, ainsi que sur les poiriers d'espèces délicates, dont les fruits viennent ordinairement pierreux et gercés, tels que les Saint-Germain, Crassane, Beurré gris, etc., pour les retirer en mai ; puis dans les arbres isolés des murs, comme contre-espaliers, pyramides et cordons ; on enveloppe, après la floraison, chaque bouquet de fleurs d'un cornet de papier renversé. — On continue les soins du fruitier et l'épluchage des fruits, des raisins. — Les soins des arbres fruitiers forcés sont les mêmes qu'en janvier, seulement on donne un peu plus d'air si la température est douce ; de plus on éclaircit les fruits et ciselle les raisins.

Jardins d'agrément.

Il faut se hâter de terminer les plantations dans les terres sèches et légères, ainsi que les labours des massifs, mais légèrement et avec précaution. — S'il ne gêle pas, il faut tailler et élaguer les arbustes. — Dans les plates-bandes et corbeilles, il faut finir de mettre en place les plantes vivaces qui n'ont pu être plantées en automne et refaire les bordures. — On remplit les fosses des massifs de terre de bruyère, que l'on a creusées en janvier, en mettant au fond les mottes qui doivent être serrées le plus possible, et en ne divisant que la surface juste à la profondeur que doivent occuper les racines des plantes. — Si l'on opérait sur un sol humide, il faudrait mettre au fond des fosses un drainage de pierrailles. — Dans les plates-bandes, on sème en place les plantes qui n'aiment pas la transplantation, telles que pavots et coquelicots, pieds-d'alouettes annuels, bleuets variés, dianthus deltoïdes, escholtzia, etc., mieux en mars si le sol est froid. — On sème sur couche et sous châssis les cobeas, pervenches du Cap, amaranthes, quelques giroflées, les lobelias pour bordures, sensitives, dahlias, etc., pour plus tard les repiquer, les uns en petits pots, les autres en plein châssis. — On sème en pots les résédas pour ensuite les mettre en place sans les repiquer. — Les plantes qui ont été couvertes contre les froids, doivent être découvertes légèrement, s'il ne gèle pas.

Serres.

Lorsque le temps est doux extérieurement et que le thermomètre marque 6 à 8 degrés cent., on donne de l'air aux serres, orangeries et châssis ; mais si par un beau soleil l'air était froid et qu'il y eût danger d'ouvrir, on exciterait une légère vapeur en seringuant les feuilles des plantes et les sentiers des serres, mais avec modération, à cause des nuits froides. — Les arrosements se feront toujours avec intelligence. — Avoir soin de tenir les plantes dans un parfait état de propreté et biner la terre des pots. — On pourra mettre sur couche quelques plantes dont on veut prendre des boutures, telles que lantana, héliotropes, eupatoires, pétunias, verveines, etc. — Le soleil prenant de la force, on pourra diminuer le feu dans les serres. — Les plantes qui commencent à entrer en végétation doivent être remaniées les unes après les autres. — Il faut aussi continuer les boutures comme dans le mois précédent, et rempoter celles déjà enracinées dans des pots un peu plus grands, puis les remettre encore quelques jours sur couche, en leur donnant de l'air s'il fait beau, et de là les rentrer en serre chauffée à 8 ou 10 degrés. — On continue de chauffer les serres chaudes comme dans le mois précédent, et de rempoter les plantes qui demandent plus de nourriture. — Arroser plus abondamment et répéter les bassinages s'il fait soleil. — Les plantes à chauffer sont les jacinthes, tulipes, crocus, narcisses, deutzia gracilis, lilas, spireas, rhododendrums, etc. — Les ananas réclament les mêmes soins que dans le mois précédent ; les jours de soleil, il faut donner un peu d'air aux serres qui les renferment et les arroser s'ils en ont besoin.

MARS.

Culture potagère de pleine terre.

Dans nos pays, mars est le mois où l'on fait le plus généralement les semis de pleine terre. Ainsi, lorsque les terrains auront reçu tous les labours, les amendements et les engrais nécessaires, il faudra leur confier les graines de toutes les espèces de plantes soit en ligne, soit à la volée, selon leur nature, et pour que chaque récolte se succède sans interruption, mais surtout semer plutôt clair que trop dru ; puis, une fois les graines enterrées à la fourche ou au ratean et piétinées, il faudra, pour les sols froids, en terreauter la surface afin d'y appeler la chaleur, et dans les sols brûlants les recouvrir d'un paillis de vieux fumier de couche pour les garantir de la sécheresse. On continuera les semis du mois précédent, tels que pois, de préférence les races des moelles qui résisteront mieux aux chaleurs, fèves vertes de marais, oignons, poireaux, panais, épinards, cerfeuil, persil, sarriette, etc , ainsi que les semis de pépinières, tels que choux de Milan variés, de Bruxelles, mais de préférence sur plate-bande le long d'un mur, afin d'éviter la puce de terre ; les petits radis roses s'en trouveront très-bien aussi ; puis les semis de laitues d'été et de romaines variées. Continuer la plantation et le repiquage des oignons blancs, ciboules et oignons suisses, ail, échalotte. Faire la plantation de toutes les espèces de pommes de terre que l'on a eu soin de faire verdir en automne, en commençant par la Marjolin, munie d'un germe. Planter les tubercules entiers et en ligne afin de les butter en billons. Il faut aussi planter sur côtière tous les plants qui ont été hivernés sous cloche et sous châssis, tels que choux-fleur, choux d'Yorck et cabage, laitues et romaines variées et surtout terreauter et pailler les planches. On met en terre les racines et les bulbes porte-graines. Vers la fin du mois, planter les asperges avec force engrais. Après le 15, découvrir les artichauts et leur donner un labour. Faire les dernières plantations de fraisiers. Semer les chervis, crambés, et tous les quinze jours cresson alénois, radis, cerfeuil. On sème aussi le persil à grosse racine, la pimprenelle, le salsifis blanc, et un peu de scorsonère dans un sol chaud. Continuer les semis d'asperges en pépinière. Faire blanchir les dernières chicorées sauvages; celles restées en pleine terre, les couvrir de feuilles. Vers la fin du mois, on commence la plantation des ignames de Chine; on termine la plantation des bordures de sauge, thym, lavande, sarriette vivace, oseille et civette.

Couches.

Au commencement du mois, on chauffe les dernières asperges sur place et on remanie les réchauds de celles qui ont été chauffées antérieurement. On continue les semis de melons et concombres sur couche chaude et on plante ceux semés précédemment, ainsi que les semis et plantation de haricots, chicorées et scaroles; puis sur couche sourde et sous cloche les semis de choux-fleurs et céleris variés. On plante en place et sur couche tiède, laitues romaines, choux-fleurs, etc. On continue de forcer les fraisiers en les couvrant de châssis. On repique les semis du mois précédent, tels que tomates, tétragones, piments, aubergines. Il ne faut pas oublier que plus on avance en saison, plus il faut que les couches à melons soient rapprochées du sol pour que celles d'été et d'automne soient des couches sourdes ou enterrées. Dans ce mois, toutes les plantes sur couche demandent beaucoup d'air et des bassinages répétés s'il fait beau. Les petites carottes hâtives doivent être éclaircies et rechaussées de terreau pour éviter qu'elles ne verdissent au collet. On hâte la pousse du crambé par un simple abri d'une boîte sans fond recouverte d'une ardoise. On sème les premiers potirons et les courges, puis le pourpier doré. Il faut s'occuper de la multiplication et de la plantation des patates. On plante les deuxièmes et troisièmes saisons de melons, concombres, aubergines et tomates. On peut semer sur couche de feuilles des haricots avec la précaution de les préserver de la gelée par des paillassons. Il faut féconder artificiellement les premières mailles de melons de première saison.

Arbres fruitiers et de pépinières.

Pendant ce mois, on termine la taille des fruits à pépins, on continue celle des fruits à noyaux et on les palisse, afin d'épargner les boutons à fruits. On pose au-dessus des arbres des auvents sur lesquels on fixe des toiles claires pour abriter les fleurs des frimas et pour éviter la cloque. Dans les sols froids et humides, on peut encore planter avec succès, surtout si on a le soin de couvrir le sol d'un paillis. Il faut achever de tailler la vigne et faire les recouchages. Dans la dernière quinzaine, on découvre les figuiers, afin de les tailler au besoin et de les soigner. Au commencement du mois, on greffe en fente : 1° les fruits à noyaux ; 2° les fruits à pépins ; puis, au départ de la sève, on fait la greffe dite en couronne perfectionnée de Dubreuil, ainsi que la greffe de la vigne. On continue de détruire les insectes qui s'attachent à l'épiderme des arbres avec une brosse de chiendent, puis ensuite par un lavage à l'eau de chaux à la dose de 2 kilog. dans 50 litres d'eau. Dans les pépinières, il faut hâter les plantations. On marcotte et on butte les mères des coignassiers, des paradis et des arbrisseaux qui se multiplient de cette manière. On sème encore poiriers, pommiers, soit en terrine ou en pleine terre. A la fin du mois, on plante des boutures préparées à cet effet, et on les paille convenablement. Les graines stratifiées doivent être plantées à mesure de leur germination. Les arbres fruitiers forcés réclament de l'air, des bassinages et un peu d'ombre contre l'ardeur du soleil.

Jardins d'agrément.

On finit toutes les plantations d'arbres et d'arbrisseaux d'ornement, excepté les arbres verts qui ne se plantent qu'en avril. On achève tous les labours et les élagages. On continue d'approprier les jardins. On termine la plantation des plantes vivaces de pleine terre. On continue les semis en potée des pieds d'alouette, giroflées de Mabon, pavots, coquelicots, etc. On fait la taille des rosiers, excepté les variétés gelables, comme les bengales, thés, noisette, Bourbon, qui ne seront taillés qu'après les dernières gelées. On sème aussi en pleine terre leurs graines qui ont été stratifiées en novembre et en décembre. On sème sur couche, sous cloche ou sous châssis beaucoup de graines de fleurs annuelles, telles que balsamines, quarantaines, belles-de-nuit, zinnia, œillets et roses de l'Inde, œillets de Chine, coquelourdes, campanules, valérianes, roses-trémières, etc., ces dernières pour repiquer en pépinières. On met les tubercules de dahlias sur couche tiède pour hâter leur végétation, ainsi que les belles-de-nuit, pour les bouturer ensuite avec talons.

Serres.

Dans les orangeries et les bâches, les plantes réclament beaucoup d'air et un peu d'eau et quelques nettoyages. Les plantes de serres demandent des pincements et des binotages, puis un peu d'ombrage contre les rayons d'un soleil ardent. Ce qui excite la végétation, c'est le seringuage des plantes et des sentiers. Il faut combattre l'envahissement des pucerons par l'emploi des fumigations de tabac. Il faut aussi s'occuper de la multiplication des plantes par des boutures sous cloche, des marcottes, puis des rempotages. On doit aussi pincer les plantes pour les obtenir basses et ramifiées, et mettre des tuteurs aux tiges que l'on veut élever en pyramides et exciter la sortie des branches latérales par des pincements bien entendus. Il faut s'occuper d'activer la végétation des plantes ornementales, telles que ricins, caladiums, wigandia, coleus, etc., ainsi que des achimenes, gloxinia, gesneria, qui doivent envahir la serre pour l'été. Dans ce mois, les œilletons d'ananas réclament un peu d'air dans les moments de soleil ; vers la fin du mois, on les arrosera plus fréquemment. On prépare dans une bâche une couche de l'épaisseur de 50 à 60 centimètres, qu'on recharge de 30 centimètres de terre de bruyère pure ou mélangée. On laisse la couche jeter son feu pendant une dizaine de jours, pour ensuite y planter les œilletons à 60 centimètres en tous sens. Les pieds qui semblent vouloir fructifier réclament plus de chaleur qu'auparavant. On donne de l'air quelque peu, mais on arrose plus fréquemment.

AVRIL.

Culture potagère de pleine terre.

Il faut se hâter de mettre la dernière main aux travaux qui n'ont pas été terminés dans le mois précédent, tels que les labours, les enfouissements d'engrais, etc. La température, qui est devenue plus douce, permet d'achever les semis de toutes sortes; on éclaircit les jeunes plants venus des semis faits au mois de mars. On doit se hâter de mettre un paillis sur les plantations, afin de les préserver du hâle. Les nuits étant encore froides, on ne doit arroser que le matin. Comme dans le mois précédent, on continue de semer toutes les plantes rustiques; dans les terres fortes et froides, on peut encore semer les oignons des Vertus, les poireaux gros de Rouen, le persil, la pimprenelle; on continue aussi de semer les carottes courtes et demi-longues, les radis roses, ces derniers de dix en dix jours, les épinards, le cerfeuil, le cresson alénois, les fèves de marais, la verte de préférence, les pois, de préférence les Moelles et surtout le Napoléon, qui est demi-nain et qui, à une grande précocité et à un grand produit, joint une qualité exquise; les navets hâtifs, surtout le blanc à feuilles entières, de quinzaine en quinzaine. On sème aussi les choux marins, de Milan hâtif et à pied court, et les choux de Bruxelles; le céleri turc et rave hâtif d'Erfurth, mais mieux sur couche sourde; le dernier doit être éclairci et laissé sur place. On sème enfin les laitues et les romaines d'été.

Dans la deuxième quinzaine, on sème les betteraves rouges, la cra audine et ses variétés ; à bonne exposition on peut commencer les premiers semis de haricots hâtifs, de préférence en rayons recouverts d'un terreau léger. On plante les laitues, les romaines, les choux-fleurs, élevés sous châssis. Il ne faut pas perdre de vue qu'aucun des plants ne doit être arraché trop jeune, car sa végétation en souffrirait. On œilletone et replante les artichauts à un mètre de distance et deux pieds à chaque touffe.

C'est le moment des plantations d'asperges ; aucune plante n'est avide de nourriture comme l'asperge, tous les engrais lui sont bons ; elle doit être espacée de 0,60 à 1 mètre ; elle demande un sous-sol qui a subi les préparations nécessaires d'assainissement. Enfin on plante, dans la dernière quinzaine d'avril, les dernières pommes de terre ainsi que les ignames de Chine. Ces derniers demandent un sol léger et profond, voire même du sable pur ; ce sont les plants d'un an de pépinière qui sont employés pour cette plantation.

Il n'est pas inutile de recommander pour ce mois les sarclages et surtout les binages, ainsi que les paillis mis avant d'effectuer les plantations ; on doit aussi pincer les pois et les fèves.

Couches.

Sur les couches, on continue de semer les melons, principalement ceux qui doivent être cultivés sous cloches et sur couches tièdes. On sème potirons, courges et concombres, cornichons, cardons, dans des petits pots, pour les mettre en place à l'air libre à la mi-mai; les chicorées demi-fines et les scaroles sur couches chaudes très-claires; le piment et les choux-fleurs. On sème encore sur couches une dernière saison de haricots; on y replante les melons et concombres élevés dans le mois précédent, ainsi que les patates; on y repique les tétragones, aubergines, tomates, etc. Vers la fin du mois, on plante les patates sur couches sourdes, et pour l'été des choux-fleurs demi-durs et Lenormand à l'air libre. On doit remanier les vieilles couches qui sont débarrassées de salades pour y mettre des melons de cloches.

Arbres fruitiers.

On achève de tailler les arbres vigoureux. Il faut veiller au départ de la sève dans les branches de prolongement et ne pas craindre d'éborgner les yeux qui, par la suite, feraient bifurcation ou produiraient de l'irrégularité dans l'équilibre des branches latérales. Il faut aussi, dans les bouquets de fleurs trop compactes, pratiquer le pincement en supprimant avec les ongles les deux tiers des fleurs de chaque bouquet. Il faut aussi visiter assidûment le thermomètre et veiller à garantir du froid nocturne les arbres fruitiers en fleur par tous les moyens connus, et garantir les pêchers de la cloque par des auvents placés au-dessus d'eux. On doit aussi avoir terminé la greffe en fente.

On fait maintenant la greffe en coulée et en couronne perfectionnées, les deux meilleures greffes de la saison. Il est temps de mettre en terre les graines stratifiées, en retranchant l'extrémité du pivot. C'est le moment d'enlever avec l'ongle les quatre ou cinq boutons à bois qui se trouvent à l'extrémité de chaque branche du figuier, en ménageant les figues qui sont auprès, et en conservant à la base un ou deux yeux à bois.

Dans les arbres où la sève est répartie irrégulièrement, il faut s'attacher à l'équilibrer. Les moyens ordinairement employés sont les crans, les incisions longitudinales et horizontales, etc. Si les pucerons se développent sur les pêchers, il faut avoir soin de les détruire par des fumigations de tabac ; il faut aussi, et particulièrement pendant ce mois, faire une chasse assidue aux limaces, limaçons, etc. On peut déjà commencer le pincement du pêcher à certaines expositions. Les arbres forcés doivent recevoir des bassinages abondants.

Jardins d'agrément.

Vers la fin du mois, le jardin doit avoir sa grande tenue. On continue de semer en bordure et en poquets plusieurs plantes annuelles, tels que pieds-d'alouette, giroflées de Mahon, cynoglosses, némophille, clarkia, escholtzia, etc. On continue aussi sur couche tiède les balzamines, reines-marguerites, zinnia elegans double et simple, roses d'Inde, œillets d'Inde, œillets de Chine, pétunia, brachycome, etc, et comme plantes bisannuelles et vivaces, les campanules, digitales, giroflées de plusieurs variétés, coquelourdes, etc., pour repiquer en pépinière.

Le mois d'avril est un des plus favorables pour la plantation des arbres verts et à feuilles persistantes, ainsi que les arbustes de terre de bruyère. On commence à tondre les pelouses; si l'on veut avoir de beaux gazons, répéter cette opération très-souvent, et arroser avec de l'eau chargée d'un peu d'engrais.

Serres.

On donne beaucoup d'air aux serres en proportion de l'action solaire, pour habituer graduellement les plantes à l'air libre, à cause de l'approche de leur sortie le mois prochain pour orner les corbeilles et massifs; il faut leur prodiguer des bassinages pour entretenir la végétation, qui, dans ce mois, prend de l'extension. Il faut aussi avoir soin de tenir les plantes dans un parfait état de propreté, puis les fumigations de tabac et la poudre insecticide détruiront les pucerons qui auraient envahi leurs pousses herbacées. On peut aussi continuer les rempotages et faire les boutures des plantes qu'on tient à multiplier.

Les plantes d'ornement qui, en général, ont été semées en mars commencent à lever; il faut les habituer progressivement à l'air, avec demi-soleil et de légers bassinages. On peut cesser de faire du feu dans les serres tempérées. Vers la fin du mois, on peut déjà sortir les rhododendrums et autres plantes rustiques; on peut mettre sous châssis les *pélargoniums* qui sont encore loin de floraison; on peut greffer par approche les magnolias, camellias, azalées et rhododendrums, et en fente et en placage les jeunes rosiers dont on force la multiplication.

La serre chaude demande à être chauffée modérément; on doit allumer seulement le soir pour produire 15 degrés au-dessus de zéro. S'il fait quelques heures de grande chaleur, on pourra donner un peu d'air vers le milieu du jour.

On doit terminer le rempotage des grandes plantes, telles que palmiers, etc. On dépote les œilletons d'ananas et on les plante sur couche à une distance de 45 à 50 centimètres l'un de l'autre; il faut avoir soin de couvrir le soir. C'est dans ce mois que les pieds formés d'ananas marquent fruit; il faut alors maintenir la chaleur de la serre, donner plus d'air et arroser plus souvent.

MAI.

Culture potagère de pleine terre.

Les travaux de ce mois sont très-variés. Il faut semer pour récolter en sec toutes les variétés de haricots et continuer de semer tous les quinze jours ceux qui doivent être mangés en vert et écossés; mais, pour ces derniers, nous recommandons les semis en lignes, recouverts de vieux terreau, ce qui active leur levée, nourrit la plante et empêche que la terre ne soit battue par les grandes pluies. Comme dans le mois précédent, les semis successifs, tels que : pois, de préférence les variétés à moelle ou ridées qui sont les meilleurs et résistent plus à la chaleur, surtout le Napoléon ; les fèves vertes de marais, carottes demi-longues, épinards, cerfeuil un peu à l'ombre, cresson alénois, laitues et romaines variées, navets, mais en les éloignant des autres crucifères pour les préserver de la puce de terre, ainsi que les radis, choux de Milan, de Bruxelles, qui réclament les mêmes précautions. Dans la première quinzaine, on sème encore des betteraves à manger, telle que la crapaudine, etc.; on peut encore semer de l'oignon suisse, très-épais et dans un sol très-sableux, il produira des bulbilles de la grosseur d'une noisette, qui serviront au printemps suivant à repiquer et produiront des oignons de première grosseur; dans la deuxième quinzaine, la chicorée d'été et la scarole ronde maraîchère. On plante en place les cardons, tomates, aubergines, concombres, cornichons, céleri et choux-fleurs, élevés sur couches dans les mois précédents, etc. Il faut aussi bien pailler les fraisiers avec du fumier long ou blanc, qui entretiendra la fraîcheur du sol en repoussant les rayons solaires et empêchera les fruits de se salir.

Pendant ce mois, les arrosements sont indispensables pour peu que la sécheresse se fasse sentir.

Couches.

C'est dans ce mois que l'on fait des couches tièdes et sourdes pour les dernières saisons de melons. Nous recommandons la culture du melon d'Arkhangel, à cause de ses qualités et du peu de soins qu'il réclame, puisqu'une simple couche sourde de feuilles ou de mousse suffit pour produire en abondance des fruits délicieux. On plante aussi les patates ; nous recommandons la jaune hâtive et la rose d'Argenteuil, sur couche sourde également. On y plante aussi du céleri et des choux-fleurs, qui produiront plus tôt qu'en pleine terre et viendront plus beaux, mais il faudra les pailler et bien les mouiller. Nous recommandons la culture du champignon en cave. Vers la fin du mois, on sème des brocolis, qui, comme les choux-fleurs, s'élèvent mieux sur couche tiède qu'en pleine terre.

Il faudra, pour cette saison, semer de préférence le chou-fleur Lenormand, qui produira en septembre ou octobre ; s'il est planté sur des ados d'asperges, il sera susceptible de venir très-gros.

On ne doit pas négliger la taille des melons,

concombres et tomates. Voici une bonne taille pour le melon : on étête le pied au-dessus de la 2e feuille ; chacune des deux branches qui se développent est taillée à 5 ou 6 feuilles ; toutes les autres branches sont coupées à 2 feuilles, fruit ou non.

Arbres fruitiers.

Vers le 15 de ce mois au plus tard, on retire les auvents, paillassons, toiles et tous les abris qui ont protégé la récolte. Tous les huit jours, il faut surveiller la sève des arbres avec soin, et les pincements doivent, dans ce mois, être faits avec talent. Il faut aussi surveiller les greffes, leur faire prendre une bonne direction verticale dès leur jeunesse ; faire la chasse aux limaçons, coupe-bourgeons, écraser le ver qui roule les jeunes feuilles des arbres, couper avec les ongles les feuilles cloquées, faire un premier soufrage aux vignes dès l'apparition des grappes. Si les pêchers sont affectés du meunier ou blanc, le soufrage est aussi très-efficace ; si la fourmi envahit quelques arbres, les fioles d'eau miellée les détruiront, ainsi que l'eau bouillante versée sur leurs nids. Il faudra aussi crocheter les côtières des murs et couvrir le sol d'un bon pailli, qui préservera les arbres de la sécheresse, excitera le chevelu à se développer à la surface de la terre, ce qui produira des récoltes abondantes, car le chevelu est au fruit ce que le pivot est à la sève ; puis empêcher les herbes de pousser.

Au commencement du mois, on peut greffer en flûte le châtaignier, le noyer, etc. Il est urgent d'ébourgeonner les arbres fruitiers, la vigne et surtout le figuier, en retirant tous les bourgeons intermédiaires à ceux du remplacement. On doit commencer à éclaircir les abricots. Il faut donner beaucoup d'air et d'ombre aux arbres fruitiers forcés. On peut déjà récolter les pêches de culture forcée.

Jardins d'agrément,

Le binage des plates-blandes et massifs, le nettoyage des mauvaises herbes, même dans les gazons, sont des ouvrages de première nécessité. Les pelouses demandent, pour conserver leurs beautés, de l'eau à profusion et une fauchaison souvent répétée. Dans la deuxième quinzaine, on met en place les dahlias qui seront attachés à de bons tuteurs au fur et à mesure de leur croissance. Les semis de plantes annuelles peuvent encore être faits, elles fleuriront tard et porteront peu de graines, mais seront très-belles si l'automne est favorable. On repique et met en place celles semées dans les mois précédents. Vers le 10, on sort les orangers, et du 15 au 20, les plantes de serre qui garniront les corbeilles et massifs. Il faut exécuter le pincement des plantes, afin d'obtenir une abondante floraison. L'art du jardinier doit présider à la disposition des fleurs dans les massifs pour en varier les tons.

On sème dans ce mois les graines des légumineuses d'ornement, tels que les lupins, etc. A la fin du mois, il faut tailler les arbustes qui ont fleuri au printemps. On plante en pépinière les œilletons simples de chrysanthême; on aura soin de les pincer à 20 centimètres et on bouturera l'extrémité pour deuxième saison. On sème pour repiquer à l'automne les corbeilles d'or.

Serres.

Comme nous l'avons dit plus haut, les plantes de serres garnissent les corbeilles du jardin d'ornement, excepté celles de serres chaudes qui demandent plus d'ombrage, moins de feu et un peu d'air dans les heures les plus chaudes de la journée. Dans les serres où les plantes ont disparu, il faut avoir soin de regarnir les vides, soit avec des fuchsias qui produiront un magnifique effet tout l'été, puis les plantes grasses, telles que : cactus échinocactus, cereus mamillaire, rochea, crassula, etc.; ensuite les achimenes, les gesnerias, tydeas, gloxinias, bégonias, pétunias doubles et à grande fleur, pervenche du Cap, portulacas et beaucoup d'autres, orneront ce lieu plaisant, qui, habituellement, reste trop désert dans cette belle saison, où l'on aurait tant de plaisir, dans les heures chaudes de la journée, à venir respirer l'air ombré et frais de ce lieu enchanteur. Nous conseillons aussi pour jouir amplement de la floraison des lauriers roses, qui, dans nos pays, ont de la peine à épanouir leur fleur pleine, de les mettre dans la serre, où ils produiront tout leur effet. On peut, comme dans les mois précédents, continuer les boutures et les multiplications, ainsi que les rempotages des plantes bouturées antérieurement.

C'est la bonne époque de pincer les pousses qui altèrent la forme des camellias. On maintiendra toujours l'atmosphère humide autour des orchidées poussantes. Les ananas réclament dans ce mois 25 à 30 degrés, et des bassinages constants entretiendront une vapeur humide, qui sera très-favorable à leur fructification ; les jeunes pieds dans les couches réclament les mêmes soins.

JUIN.

Culture potagère de pleine terre.

On continue les mêmes travaux que dans le mois précédent. Il est important de faire en sorte de ne pas manquer de légumes de la saison et de continuer tous les quinze jours les semis de ceux qui passent vite. Pour salade de fin d'été, on sème les chicorées de Meaux et scarole ronde maraîchère; il faut faire les semis très-clairs, repiquer les plants lorsqu'ils sont très-forts et donner de l'eau afin d'obtenir de beaux produits. Nous conseillons aussi pour laitue d'été, la Russie et celle nommée chou de Naples, qui acquièrent en cette saison des proportions énormes jointes à la qualité. Pour produire en automne, on sème les choux-fleurs et les navets de plusieurs variétés, et les radis noirs. Les choux-fleurs et le céleri réclament un sol saturé de terreau et un bon paillis, ce qui les préservera de la sécheresse et permettra de leur donner de l'eau à profusion. On doit terminer les derniers semis de carottes et préserver les jeunes plants de l'araignée en répandant de la suie sur le sol. Ce mois est préférable au précédent pour semer la chicorée sauvage dite *Barbe de capucin;* faire le semis très-épais et en ligne dans une terre très-légère et non fumée. On continue les semis de haricots et de pois.

Il faut planter les choux de Milan et de Bruxelles semés dans le mois précédent et leur donner de l'eau dans leur jeune âge, afin de les faire croître promptement. On plante aussi les poireaux dans de petites rigoles préparées à cet effet et dans un terrain fumé avec du fumier de cheval ou de mouton. Les betteraves à manger doivent être plantées aussi dans ce mois ; il faut avoir soin de ne pas retrancher le pivot ni le tordre en l'introduisant dans le sol. Dans la première quinzaine, il faut semer les brocolis sur couche tiède.

Lorsque la rosée est évaporée, il faut lier la romaine au fur et à mesure des besoins de la consommation. La variété nommée blonde de Brunoy est préférable en cette saison, parce qu'elle monte lentement, est très-tendre et redoute moins les grandes chaleurs. Les carrés d'oignons, carottes, panais, etc., doivent être bien entretenus. Le buttage des pommes de terre doit se faire, non par buttes isolées, mais par billons, ce qui vaut mieux.

Depuis le commencement du mois jusqu'en août, il faut avoir soin de supprimer les filets des fraisiers, puis les arroser souvent et peu à la fois. Il faut aussi profiter de la maturité des premières belles fraises, des meilleures espèces des quatre saisons, pour en extraire la graine et la semer sous le châssis d'une vieille couche ; ce plant sera préférable aux filets pour la plantation d'automne. Il faut faire une guerre assidue aux vers blancs et aux hannetons. On commence la récolte de quelques graines.

Couches.

Les melons occupent une grande partie des couches. Il ne faut pas laisser trop de fruits sur chaque pied. Le melon doit être assis sur le pedoncule et sur une petite planchette, de manière que l'ombilic regarde le ciel. Il faut avoir soin que les feuilles ombragent bien chaque fruit. A l'approche de la maturité, il faut les veiller pour les cueillir; ils doivent être pris sitôt qu'ils sont couronnés, ou qu'ils répandent l'odeur qui les caractérise.

Le reste des couches doit être consacré aux choux-fleurs qui se plaisent mieux là qu'ailleurs; aux aubergines, aux patates, qui réclament de copieux arrosements; aux tomates et à quelques piments, qui se trouvent très-bien de végéter dans ces conditions.

Arbres fruitiers.

Il faut veiller continuellement à maintenir l'équilibre dans la charpente des arbres, soit en palissant les fortes branches plus horizontalement, soit en redressant les faibles, en les éloignant du mur. Il est essentiel de faire les pincements répétés et successifs et l'ébourgeonnement dans les rameaux où les pêches n'auront pas noué. Il faut aussi terminer la taille en vert, qui doit s'avancer, et palisser au fur et à mesure de l'allongement des bourgeons, mais de préférence dans les parties supérieures. Il faut avoir soin d'éclaircir les pêches lorsqu'elles sont nouées, en ne laissant sur l'arbre que la moitié ou les deux tiers à peu près des fruits en proportion des branches fruitières.

Dans la vigne, il faut procéder au pincement des bourgeons après avoir fait l'ébourgeonnage. Le palissage des prolongements des cordons ainsi que l'évrillage sont les soins qui doivent avoir lieu pendant le mois. Les soufrages répétés sont indispensables pour détruire l'oïdium. Avec l'emploi judicieux de cette substance, *guérit ses vignes qui veut.*

C'est aussi dans ce mois que la greffe par approche doit être pratiquée pour combler les vides existant sur les branches de charpente. Si les pêchers étaient attaqués par le tigre (sorte de grise du pêcher), il faudrait tous les soirs les arroser avec la pompe à main.

Lorsque les raisins sont gros comme des pois, on les ciselle et on retranche l'extrême pointe des grappes trop longues.

Le pépiniériste peut commencer à semer l'orme en pleine terre.

En culture forcée, mêmes soins que le mois précédent; il faut seulement dépanauter les espaliers et les remplacer par des toiles claires.

Jardins d'agrément.

Les soins sont à peu près les mêmes que dans le mois précédent. Il faut remplacer les plantes défleuries par d'autres élevées à cet effet; faire en sorte que l'abondance des fleurs continue à orner les corbeilles et les plates-bandes; mettre en place les premières plantes annuelles, soutenir les plantes volubiles, cassantes ou de haute taille, par de bons tuteurs. Garnir le sol des corbeilles de fleurs d'un paillis de vieux fumier de couche à demi-consommé, ce qui permettra d'arroser amplement.

Les allées et les gazons doivent toujours être entretenus de manière que la propreté des premières et la verdure des seconds servent de décoration aux jardins.

Dans les rosiers remontant, il faut avoir soin de pincer les rameaux vigoureux, ce qui entretiendra une floraison prolongée. On commence à écussonner ces arbustes.

C'est au commencement de ce mois que l'on met en place les coleus, wigandia-caracassana, caladium, canna, solanum, aralia-papyrifera, erythrine, salvias-splendens, bégonias-prestoniensis, hybiscus-sinensis, et toutes nos plantes modernes à grand effet.

Serres.

Il faut continuer les soins généraux indiqués dans le mois précédent; avoir soin de soutenir les plantes à tiges faibles par de légers tuteurs; faire des bassinages répétés ; donner de l'air et de l'ombre dans les heures chaudes de la journée; pincer les plantes pour leur faire prendre de bonnes dispositions, selon leurs espèces ou variétés; exécuter des rempotages avec des pots de plus en plus grandes dimensions et des terres appropriées à la nature des plantes; donner quelques arrosements à doses raisonnées avec des engrais liquides, en y procédant avec prudence, ou employer de préférence du sang de bœuf préparé à l'état solide et mis par addition à la terre des rempotages.

Les multiplications par boutures, greffes, etc., sont les principaux travaux de ce mois.

Il faut que l'air des serres soit plutôt frais que brûlant et sec.

Les plantes en pots de la nouvelle Hollande doivent être mises dehors à mi-ombre; éviter que la poussière ne s'attache à leurs feuilles et les bassiner souvent, surtout les camellias, dont les boutons sont en voie de formation. Les azalées de l'Inde se placent en plein air et au soleil; dans cette condition, elles se portent mieux et fleurissent plus abondamment.

Dans les serres chaudes, on cesse les feux, on bassine fréquemment et on tient les serres fermées au moins une heure après cette opération.

Dans la culture des ananas obtenus d'œilletons au mois d'octobre précédent, on donnera plus d'air et on les arrosera plus souvent, à cause de l'intensité de la chaleur; et de préférence le soir, avec de l'eau chauffée au soleil.

JUILLET.

Culture potagère de pleine terre.

Les semis et plantations qui peuvent être récoltés en moins de quatre mois peuvent être continués, tels que salades de plusieurs variétés, ainsi que pois et fèves, haricots pour manger en vert et écossés, etc. Vers le milieu du mois, il faut semer les chicorées de Meaux, fine de Rouen et scarole ronde, qui doivent être plantées fin du mois et garanties contre l'hiver. On sème aussi : radis noir et rose, chou-fleur d'automne, navet, chou de Milan, raiponce, pour fin d'hiver. Vers la fin du mois, on peut semer les scorsonères qui seront mangés dans l'automne et l'hiver de l'année suivante, ainsi que les premières mâches à mi-ombre, en terre légère, et les premiers épinards pour l'automne. La plantation du céleri turc doit, au commencement du mois, être faite sur une grande échelle, dans une bonne terre fraîche et légère, et sur un paillis qui le préserve de la sécheresse et permette de lui prodiguer de copieux arrosements, sans que l'eau batte le sol ; on peut aussi, si l'on est à court de terrain, intercaler entre chaque rang de la laitue. Il faut aussi continuer la plantation des choux-fleurs de fin d'été, en utilisant surtout les vieilles couches, ainsi que celle des brocolis, mais à bonne exposition. On continue de planter aussi des choux de Milan et de Bruxelles. Nous recommandons surtout de ne jamais planter aucune plante sans l'arroser, quelque temps qu'il fasse. Dans ce mois, il faut surveiller activement la maturité des graines. Le jardinier doit redoubler d'activité dans l'arrosage des plantes, surtout le soir. On arrache aussi l'ail et l'échalotte ; il faut avoir soin de les faire bien sécher avant de les rentrer. On repique dans un endroit abrité les jeunes plants de fraisiers destinés à être chauffés. Les semis de radis roses se continuent toujours sans interruption.

Couches.

Les couches sont occupées par les melons, concombres, aubergines, patates, tomates, etc. La taille des melons, concombres, aubergines, doit être continuée avec assiduité, en ayant soin de supprimer les bourgeons inutiles. Les melons réclament aussi des bassinages répétés, surtout si l'on craint la grise ; un demi-ombrage de branches chargées de feuilles préserve en quelque sorte de cette invasion, tandis que si l'on craint la rouille, les arrosages ne seront faits que dans la matinée, et il faudra recouvrir les couches à melons de leurs châssis, mais suspendus sur de petits pots renversés.

Arbres fruitiers.

Les arbres fruitiers demandent, dans ce mois, toute la surveillance du jardinier. Le pincement, la taille en vert, le palissage seront faits en temps voulu et graduellement. Surtout maintenir de l'harmonie dans toutes les parties des arbres ; si l'on s'aperçoit que quelques fruits approchent de la maturité, il faut les effeuiller graduellement et avec réserve, afin que le soleil leur procure les qualités requises à leurs espèces. S'il fait très-chaud, il faudra le soir arroser les feuilles des pêchers avec une pompe à main, ce qui, joint au paillis sur le pied des arbres, entretiendra une sève abondante et produira des fruits exquis. A partir de la mi-juillet, on peut pratiquer l'incision annulaire au-dessous des grappes de raisin, ce qui hâtera la maturité et fera grossir les grains ; il faut aussi continuer de soufrer les treilles pour les préserver de l'invasion de l'oïdium. Les personnes qui cultivent les figuiers pourront hâter la maturité des figues d'une dizaine de jours, en mettant avec une plume une petite goutte d'huile d'olive sur l'œil de chacune, au moment où la figue veut changer de couleur. On peut dans ce mois commencer l'écusson à œil dormant sur quelques arbres fruitiers; ce qui en détermine l'époque avec assurance, c'est la maturité de chaque variété de fruit et le ralentissement de la sève du sujet en œil terminal de pointe, au lieu du prolongement du bourgeon herbacé ; il faut mieux un peu tard que trop tôt. Il faut aussi continuer de détruire les pucerons par la fumigation de tabac, ce qui est le remède le plus efficace.

S'il existe des vides sur les branches de charpente occasionnés par la mort des branches fruitières, il faudra se hâter de les remplacer par la greffe en approche herbacée. Cette même greffe est employée avec succès sur le pédoncule des poires que l'on veut faire grossir. On se sert aussi du sulfate de fer à la dose de 1 gramme et demi par litre d'eau ; cette même dose réussit très-bien contre la chlorose. La vigne sous châssis réclame beaucoup d'air.

Jardins d'agrément.

Ratisser, arroser, couper les gazons, tondre et élaguer sont les principaux travaux du mois, puis la plantation des plantes annuelles sur toutes les corbeilles et massifs, soit comme remplacement des plantes printanières défleuries ou intercalées entr'elles, soit à la place des tulipes, jacinthes, anémones, etc., dont on aura préalablement fait la récolte en les mettant sécher à l'ombre, pour les faire reposer en attendant la plantation d'octobre et novembre. Mettre des tuteurs aux grandes plantes. A la fin du mois, on peut commencer le marcottage des œillets ; il faut aussi récolter les graines de fleurs avec beaucoup de soin. C'est le meilleur moment pour faire les boutures de pélargonium zonale, inquinans et de toutes variétés, de préférence à l'air libre ; mais l'abri des châssis est utile pour celles des pélargoniums à grande fleur et de fantaisie, seulement il leur faut beaucoup d'air pendant la nuit. Les boutures de chrysanthème ligneux peuvent être traitées de la même manière. Vers la fin du mois, on peut semer les pensées et les premières cinéraires, ainsi que les primevères de Chine, les quarantaines. On peut commencer à écussonner à œil dormant. Pour activer la végétation des arbustes et plantes d'ornement, il faut recourir aux arrosements d'engrais liquides. Il faut couper les fleurs des rosiers remontants aussitôt qu'ils se sont défleuris.

Serres.

Mêmes soins que dans les mois précédents; seulement, comme ce mois est excessivement chaud, il faut avoir soin d'arroser les chemins et allées de service, ce qui entretiendra une chaleur humide favorable à la santé des plantes; il faut surtout continuer de les pincer régulièrement pour leur faire prendre la disposition qui est propre à leur tempérament. Les ananas obtenus d'œilletons au mois d'octobre précédent continuent de réclamer beaucoup d'air et des arrosements plus fréquents, avec de l'eau chauffée au soleil. Les fruits des pieds formés qui ont marqué en mars, sont, dans ce mois, à grosseur, alors il faut les ombrer contre les chaleurs solaires et les bassiner souvent, puis bien les aérer.

AOUT.

Culture potagère de pleine terre.

C'est dans ce mois que le jardinier commence habituellement son année horticole par les semis pour récolter aux époques les plus éloignées, tout en continuant ceux qui doivent se succéder sans interruption. Jusqu'au 10 août, on peut encore semer sur côtière terreautée les derniers haricots nains hâtifs, tels que nain de Hollande, blanc hâtif de Fitz-James et noir hâtif de Belgique, mais à la condition de poser avant les nuits fraîches des châssis dessus, alors par ce moyen on prolonge encore longtemps la cueille de cet excellent légume ; les pois hâtifs peuvent être traités de même. Les semis de radis roses se continuent aussi comme il a été dit dans les mois précédents. Dans la première quinzaine, on sème encore sur terreau quelques variétés de laitues, telles que palatine blonde, ordinaire et turque, qui, avec un automne favorable, rendent encore un grand service, surtout si l'on a quelques châssis à sa disposition à l'approche des gelées blanches. Nous en dirons autant des chicorées de Meaux et scarole ronde. Mais à partir du 15, les premiers semis des laitues Georges et d'Alger, ainsi que les chicorée et scarole devant pommer sous châssis à froid sur l'ados d'une vieille couche, doivent être faits sur une grande échelle, eu égard aux services importants qu'elles rendent l'hiver. Dans tout le cours de ce mois, et à trois époques successives, il faut semer les épinards à feuille de laitue, qui demandent à être éclaircis à grande distance, puis des mâches rondes doubles, cerfeuil simple, navets de plusieurs variétés, selon les terrains; ainsi, dans les terres fortes, celui des vertus et ses variétés, et dans les terres siliceuses et chaudes, les ronds, plats à collet violet, boule d'or, frêneuse et boule de neige seront excellents; mais surtout agir selon le terrain. Les semis de radis noirs doivent être terminés. Ceux de scorsonères, ou salsifis noirs, demandent surtout à être faits au plus tard dans ce mois. A partir du 15, on sème les oignons blancs hâtifs, seulement nous recommandons que tard vaut mieux que tôt, pour éviter qu'ils ne montent au printemps; mais il faut les exciter vivement en les semant dans du terreau mélangé au sol. Nous en dirons autant pour les semis de laitue de passion, brune et blonde, ainsi que ceux des choux cabages, petits et gros, hâtifs. On continue de faire blanchir les chicorée, scarole, romaine, ainsi que les premiers céleris turcs, non pas en arrachant ces derniers pour les enjauger, mais bien sur place, en les entortillant de litière, ou mieux de nattes de chaume de pois; par ce simple moyen, ils continuent à pousser et blanchissent en très-peu de temps. Si les oignons mûrissent difficilement, on les excite en abattant la tige avec le dos d'un râteau, et lorsqu'ils sont bien mûrs, on les arrache et on les laisse sécher sur le sol avant de les monter au grenier, où on les étend bien; il faut aussi, à mesure de la maturité des pommes de terre, les arracher et ne les rentrer dans la cave que lorsqu'elles sont bien ressuyées, puis éviter de les y déposer en tas, car une qui se gâte en gâte une autre ; mais pour celles qui doivent servir de semence, il faut, en les arrachant, les laisser verdir sur le sol et les rentrer ensuite dans un endroit éclairé, car plus elles seront vertes, meilleure sera la récolte à venir ; on casse les tiges des artichauts après qu'ils ont fini de donner, on peut aussi ne laisser que deux œilletons à chaque pied ; on continue la récolte des graines ainsi que les arrosements, qui doivent être copieux, selon l'intensité de la chaleur. Une chose aussi essentielle que les arrosements, c'est le binage du sol, qui ameublit la terre et l'empêche de sécher aussi vite.

Couches.

Les couches chaudes dans ce mois ne sont pas plus utiles qu'en juillet, mais sur les vieilles on continue d'y planter chicorée, scarole et chou-fleur, à mesure que les melons disparaissent ; enfin sur la fin du mois, nous conseillons d'y planter de la chicorée de Meaux et scarole ronde, et même de la laitue, qui recevront des châssis aux approches des froids. Les arrosements doivent être encore plus abondants sur les couches qu'en pleine terre, à cause de la facilité qu'elles ont de s'échauffer au soleil.

Arbres fruitiers.

C'est le mois par excellence pour la greffe en *écusson* à œil dormant, au fur et à mesure de l'arrêt de la sève, selon les variétés. Quant aux soins des arbres fruitiers, on continue le palissage et le pincement dans les arbres vigoureux, ainsi que le rapprochement des rameaux pincés qui seront bien aoûtés, suivi de cassements partiels sur les poiriers d'espèces peu fertiles, tels que Bon-Chrétien, Crassane, etc. Il faut toujours surveiller les dégâts des insectes, ainsi que des animaux rongeurs, et prévenir les dégâts des mouches, en suspendant aux espaliers des fioles d'eau miellée, et surtout renfermer les grappes de raisin dans des sacs *en toile* (nouveau système économique). Lorsque les pêches commencent à bouffer, c'est-à-dire à grossir, il faut les effeuiller graduellement, et le soir des jours chauds, les bassiner avec une pompe à main, le raisin se bassine en plein midi les jours de grand soleil; c'est ce qui donne au chasselas cette couleur transparente et dorée, surtout si l'effeuillaison est bien entendue et la grappe retournée de temps en temps pour que le soleil la colore sur toutes les faces. Sur la charpente des arbres fruitiers, on pose des écussons à œil dormant afin d'obtenir des membres qui leur manquent ou pour regarnir des places vides de branches à fruit. La greffe des boutons à fruit, dans la deuxième quinzaine du mois, doit être pratiquée sur une grande échelle, à cause de ses effets excellents. Les fruits mous, tels que pêche, prune, abricot, cerise, ne demandent à être cueillis qu'après complète maturité; ceux à pépins demandent à être cueillis pour se finir à la fruiterie. Les personnes qui utilisent les châssis en vue de hâter la maturité des raisins des espaliers, doivent donner de l'air et bassiner souvent; par ce moyen, on obtient des produits admirablement bons, surtout sur les variétés qui mûrissent difficilement dans la localité.

Jardins d'agrément.

C'est aussi dans ce mois que le rosier se multiplie par l'écusson à œil dormant. Surtout ne pas tronquer le sommet de l'églantier, car la sève refoulée ferait développer l'œil à l'automne et l'opération serait manquée. Les soins du jardin sont à peu près les mêmes qu'en juillet, seulement il faut terminer la plantation en motte des plantes annuelles. — Dans ce mois, les arrosements doivent aussi être abondants. — Il faut multiplier les pivoines en arbre par la greffe en fente de côté ou à la Pontoise, sur tubercule, de celle de Chine, qui repousse moins de drageons que la commune. On multiplie aussi par éclat les plantes vivaces, telles que julienne, mandiane, jacée, lychnis, etc. On fait encore des marcottes d'œillets. On pince les chrysantèmes. Vers la fin du mois, on sème sur place pour l'année suivante les pieds d'alloucttes, pavots, coquelicots et bluets, etc.

Serres.

C'est le meilleur mois pour la réparation des serres et pour leur construction nouvelle ; il faut surtout mastiquer et vitrer les châssis de couches. Dans la première quinzaine du mois, il faut semer les calcéolaires herbacés en terrine de terre de bruyère. Ne pas recouvrir la graine, tenir la terre constamment humide, et placer la terrine étouffée sous châssis. On peut encore semer les cinéraires, primevères de Chine, ainsi que les pélargoniums, avec les mêmes soins à peu près. Les camellias, rhododendrums, magnolias, etc., se multiplient aussi dans ce mois par la greffe en placage, puis on les étouffe sous cloches et sous châssis. Les ananas et les plantes de serres réclament les mêmes soins qu'en juillet.

SEPTEMBRE.

Culture potagère de pleine terre.

Ce mois étant d'une chaleur plus modérée, on doit de préférence pratiquer les arrosements plutôt le matin que le soir. On peut, jusqu'au 15, continuer les semis du mois précédent, surtout en terre légère, c'est-à-dire ceux de mâches, épinards, cerfeuil, pimprenelle, cresson alénois, et pour l'année suivante, oignons blancs hâtifs, choux d'Yorck, cabage, laitue de passion variée, romaine rouge et verte d'hiver, que l'on plantera ou repiquera sur côtière au midi. On continue toujours les semis de radis roses, mais de préférence sur vieux terreau de couche, ainsi que laitues Georges et d'Alger, chicorée et scarole, et le repiquage sur vieille couche de celle semée dans le mois précédent. Dans la première quinzaine du mois, on peut encore semer dans les terres chaudes des navets. C'est le mois favorable pour les semis de cerfeuil bulbeux, excellent et nouveau légume qui est appelé à jouer un rôle important dans la culture maraîchère, sous les rapports de ses qualités, de son produit et de sa culture peu dispendieuse ; il se sème à la volée dans une terre légère de préférence, ou sur quelques vieux terreaux de feuilles usées, et, pour toute nourriture, il réclame au printemps une légère couche de terreau de fumier épandu sur le sol. La culture de cette plante n'empêche en rien de planter aussitôt le semis fait de la laitue palatine, qui produira avant les gelées ; puis au mois de juin, au moment où les feuilles du cerfeuil commencent à s'aoûter, on y plante encore des choux-fleurs, qui n'empêcheront pas la récolte du tubercule ; après les choux-fleurs, on y sèmera des premiers épinards et mâches avec quelques graines de radis, ce qui fait quatre ou cinq récoltes dans le terrain qui a produit cet excellent légume. Si on ne pouvait semer la graine en automne, il faudrait la mélanger de sable et la placer dans un vase qui lui-même sera posé dans un plus grand rempli d'eau. Il ne faut pas oublier que la graine du cerfeuil bulbeux perd vite ses facultés germinatives lorsqu'elle n'est pas stratifiée.

On peut continuer de faire blanchir les céleris, mais simplement en les enjaugeant, vu la fraîcheur du sol, surtout vers la fin du mois. On fait aussi blanchir les cardons, mais sur place, en les empaillant comme les céleris du mois précédent. De huitaine en huitaine, on continue de faire blanchir les chicorée, scarole et romaine avec une simple ligature. Dans la deuxième quinzaine du mois, on replante l'oseille vierge, la civette, l'estragon, etc., ainsi que les fraisiers de toute sorte, les espèces quatre saisons à 35 c. de distance et à 40 ou 45 c. les races à gros fruits, mais toujours en planches et non en bordures ; on met en pots ceux destinés à être chauffés. On continue la récolte des graines ainsi que les meules à champignons. Il faut penser aux amas de fumier de toute sorte pour le sol et pour les couches.

Couches.

Les vieilles couches servent aux semis de plants et aux repiquages du mois précédent, ainsi qu'aux semis de petits radis, laitues gottes, palatines, etc., choux-fleurs demi-durs et Lenormand, chicorées, scaroles pour porte-graines etc., destinés à être hivernés sous châssis. Elles servent aussi à la plantation des premières laitues et chicorées destinées à produire sous châssis également.

Arbres fruitiers.

On continue la greffe en écusson à œil dormant et celle des boutons à fruits, à mesure de l'arrêt de la sève sur chaque sujet, comme nous l'avons décrit dans les mois précédents. Les travaux à faire dans les arbres ne sont plus aussi abondants, si ce n'est dans les pêchers sur amandiers qui réclament encore des palissages et même quelques pincements sur les bourgeons des branches supérieures ; mais les soins assidus doivent être donnés dans l'effeuillaison des pêches de deuxième saison et tardives, ainsi qu'aux raisins, poires, pommes, surtout sur l'api rose, mais toujours graduellement On continue de mettre les raisins en sacs, à mesure que les mouches veulent les attaquer. On continue aussi les bassinages en plein soleil sur raisin effeuillé. Il faut aussi guetter la maturité des fruits. La pêche Brugnon demande à achever sa complète maturité à la fruiterie ; les poires de cette saison demandent à être entrecueillies, etc. Vers le 15 de ce mois, on devra poser au-dessus des espaliers de raisins, que l'on destine à être rentrés l'hiver, des auvents qui les mettront à l'abri des pluies d'automne. C'est à la fin de ce mois que l'on cueille les fruits (les bien cueillir à point si l'on veut les bien conserver).

Jardins d'agrément.

On peut dans ce mois replanter avec succès les arbres verts et résineux dans les terres légères, car dans un tel sol les hâles du printemps leur sont contraires lorsqu'ils ne sont plantés qu'en avril. Le pépiniériste doit veiller à la récolte des graines d'arbres et d'arbustes d'ornement, et mettre stratifier celles qui en ont besoin. On doit pratiquer encore la greffe en écusson sur les sujets qui étaient trop vigoureux dans le mois précédent. La propreté du jardin est de toute nécessité, à cause de la chute de quelques feuilles d'arbustes. Il faut enlever la tige des plantes qui ont passé fleur. Sur la fin du mois, on peut semer des gazons qui seront verts avant les froids et résisteront mieux aux hâles du printemps. Il faut sevrer les marcottes d'œillets et les mettre en pépinières. C'est dans ce mois qu'il faut mettre en pots tous les oignons à fleurs qui doivent orner les serres en hiver, comme tulipe hâtive, jacinthe variée, crocus, etc. ; ensuite on enterre les pots dans une planche pour les rentrer plus tard au besoin. Bien des plantes peuvent être semées en place, tels sont : pavots, pieds d'alouette, coquelicots, thlaspi, collinsies, silènes variées, etc. On peut encore multiplier par éclat : juliennes, paquerettes, œillets d'Espagne, mignardises, etc. C'est le meilleur moment pour la transplantation des pivoines herbacées et ligneuses.

Serres.

Les nuits sont déjà fraîches ; arroser les serres plutôt le matin que le soir. Le repiquage des semis du mois précédent doit être fait selon la nature de chaque plante. Les plantes bouturées dans les mois précédents doivent être mises en pots ; beaucoup d'entr'elles vont réclamer leur entrée en serres, car, dans la deuxième quinzaine du mois, celles de serres tempérées et surtout de serres chaudes vont définitivement y prendre domicile. On peut continuer les greffes de camellia, rhododendrum, azalée de l'Inde, etc. Une fois les plantes rentrées, les serres réclament beaucoup d'air, même la nuit, si la température ne descend pas au-dessous de 8 degrés centigrades au-dessus de zéro. Dans la culture préparatoire des ananas, il faut, à cause de la fraîcheur des nuits, remonter les réchauds jusqu'à la hauteur des coffres, et diminuer beaucoup les arrosements et l'aération. Les plantes à fruits réclament plus de chaleur que dans le mois précédent, soit sur couche ou dans la serre. Les œilletons produits par les plantes qui ont donné fruits, demandent à être mis de côté et plantés provisoirement dans une bâche, sur une vieille couche, à côté les uns des autres, en attendant le moment de les mettre en pots.

OCTOBRE.

Culture potagère de pleine terre.

Le mois d'octobre est celui où l'on plante le plus en vue des récoltes du printemps, soit en pleine terre, soit sur vieille couche ; les laitues de passion ainsi que les romaines d'hiver, les choux cabages et les oignons blancs semés fin d'août demandent à être mis en place et en pépinière, en choisissant de préférence les côtières les mieux exposées et un peu inclinées vers le sud ; si l'on peut mêler au sol du sable ou du terreau de feuilles dans la terre forte on s'en trouvera bien, attendu qu'elle s'échauffera plus facilement et s'égouttera plus vite, puis un petit terreautage à la surface aspirera plus de chaleur et empêchera le sol de se plomber. On peut encore semer, du 1er au 10 de ce mois, les petits plants pour faire hiverner sous cloches et sous châssis étouffé et privé de l'air humide, soit sur ados ou sur vieilles couches (tels que laitues gotte, Georges et d'Alger, romaines hâtive et blonde maraîchère, chou-fleur, etc.), et lorsque le plant a à peine des feuilles, on le repique sur ados terreautés très-inclinés et exposés au sud, sous cloches en sol sec, et sous châssis dans un terrain bas et humide. C'est dans ce mois qu'il faut planter en place, sous châssis à froid, les laitues Georges, d'Alger, chicorées et scaroles semées dans les mois précédents. Dans notre localité, on sème ordinairement avant le 10 les derniers radis roses qui produiront une partie de l'hiver, le semis se fait de préférence sur une vieille couche que l'on recouvre de châssis à l'approche des froids. Vers le 15, on repique en pépinière sous châssis sur ados des œilletons d'artichauts. On peut continuer les semis de cerfeuil bulbeux. C'est dans ce mois, et par un beau temps qu'on arrache les patates, on les laisse bien ressuyer avant de les rentrer dans un lieu sec et chaud, où le thermomètre marque ordinairement de 12 à 15 degrés centig. Dans la deuxième quinzaine et par un beau temps, on peut arracher les carottes, panais, betteraves, les premiers navets, et après être bien ressuyés, on les rentre sous un hangar pour les nettoyer et en couper les feuilles avant de les descendre à la cave. On continue de faire blanchir les céleris, cardons, chicorées et scaroles. Il faut avoir soin, à l'approche des premières gelées, de couvrir de paillassons les laitues qui sont presque pommées, ainsi que les fortes chicorées et scaroles. Les mâches réclament de bons sarclages, de même que les épinards qui ont dû être bien éclaircis à la distance de 25 ou 30 centimètres. Il faut toujours amonceler les fumiers pour enterrer dans les bêchages d'hiver, ainsi que pour les couches. Vers la fin du mois, on commence à faire les premiers labours dans les terres fortes.

Couches.

Les couches neuves ne sont guère employées dans ce mois, car toutes les plantations se font sur vieilles couches ou en ados.

Arbres fruitiers.

Le soin principal à donner aux arbres fruitiers est de les débarrasser de leurs fruits, mais surtout graduellement et selon les espèces, car autant un fruit perd sa qualité et sa conservation s'il est cueilli trop tard, autant il vient ridé s'il est cueilli trop tôt ; un œil exercé sait le prendre à point, c'est en le soulevant avec la main qu'il doit se détacher sans rupture de sa bourse ou lambourde ; il faut aussi cueillir la partie basse d'un arbre quelques jours avant les fruits du haut, et les déposer légèrement un par un dans des paniers plats, dont le fond sera garni d'une grosse étoffe de laine pour éviter tout froissement qui les ferait pourrir l'hiver, car ce n'est plus jusqu'en janvier ni février qu'il faut conserver des fruits, mais bien jusqu'en juin, et pour cela il suffit de savoir planter de bons fruits à maturité graduée, de faire la cueillette à point et de les déposer dans un fruitier construit par les procédés modernes. Seulement nous avons quelques variétés de poires qui demandent à être cueillies très-tard : tels sont le Bon Chrétien d'hiver, *idem* de Rans, le Doyenné d'hiver, Belle Angevine, Bergamotte-Esperen, etc., ainsi que les pommes de beaucoup de variétés. Mais un soin essentiel à prendre, c'est de déposer tous les fruits pendant une dizaine de jours dans un local aéré, pour les laisser ressuyer, ensuite on les dépose dans le fruitier, sur les tablettes garnies d'un petit lit de mousse bien sèche ou, à défaut sur des feuilles de papier, mais de manière qu'ils ne se touchent pas entre eux, et après on ferme le fruitier hermétiquement, afin qu'aucun air extérieur ne vienne y pénétrer, car le degré d'un fruitier doit être uniforme comme celui d'une glacière, sauf la température. Quant aux raisins, c'est vers la fin du mois qu'on en fait la récolte, mais nous ne conseillons pas de les déposer au fruitier, car c'est dans un local plus sec, soit au rez-de-chaussée ou même au premier étage que le raisin se conserve mieux ; nous recommandons d'une manière spéciale l'emploi des fioles remplies d'eau et de charbon pulvérisé, où l'on pique des sarments chargés de leurs grappes, que l'on dépose sur un ratelier fait exprès, ou simplement suspendues. Par ce simple procédé, on aura la satisfaction de posséder tout l'hiver des raisins aussi frais que sur la treille. Pour les grappes que l'on ne pourrait pas conserver ainsi, il faut les suspendre renversées et accrochées par un S en fil de fer. Il faut stratifier les graines qui ne germent qu'au printemps, et tailler les pointes des branches mères des arbres fruitiers qui ont besoin d'être équilibrées avec leurs congénères.

Jardins d'agrément.

Le jardin d'agrément demande de grands nettoyages, à cause de la chute des feuilles des arbustes et de l'humidité de la température, ainsi que le nettoyage des plantes qui ont fini de fleurir. Vers la fin du mois, on peut façonner les plates-bandes et planter à demeure les plantes vivaces et bisannuelles, telles que julienne, campanule, œillets de poëte scabieuse, muflier, valériane grecque, etc. On peut encore planter les arbres verts et commencer la plantation des arbustes qui ont déjà perdu leurs feuilles ; on peut préparer les appareils nécessaires pour garantir de la gelée les arbres et arbustes qui passent l'hiver en pleine terre. Vers la fin du mois, on commence les grands mouvements de terre, pour que la gelée mûrisse le sol. On enfouit les fumiers à profusion, car sans le fumier le talent du jardinier est impuissant. Il faut mettre dans les terres sèches celui de vache, et dans les terres humides, celui de cheval. C'est dans ce mois, ainsi qu'en novembre, qu'on plante en place les tulipes, jacinthes, crocus, etc., dans un sol mélangé de terreau bien consommé. On fait les semis de schizanthus, centranthus-macrosiphon, gilia, eutoca, clarkia-pulchella, viscaria, nemophilla, malopa, cantua, linum-grandiflorum, mais pour ce dernier on fait tremper la graine vingt-quatre heures avant de la semer ; toutes ces plantes et beaucoup d'autres orneront avantageusement les parterres en été, avec le seul soin de conserver les semis dans une simple bâche couverte de châssis et de paillassons. On peut continuer la plantation des plantes d'ornement pour bordures, telles que mignardise, statice, thlaspi vivace, sauge, etc. Il faut aussi arracher les tigridias, glayeuls, comeline-tubéreuse, etc., et lorsqu'ils sont bien ressuyés, les rentrer dans un local très-sec et à l'abri de la gelée.

Serres.

Finir les derniers rempotages et rentrer tout dans les serres et les orangeries, tout en laissant de l'air par les temps favorables ; ne fermer que pour éviter l'humidité et le froid. Les serres chaudes demandent à être maintenues à une température plus élevée, et l'air ne doit pas y être si abondant.

Il faut faire les arrosements le matin, pour que les plantes puissent être ressuyées avant la nuit. Les camellias ont besoin d'un peu plus d'eau, à cause de la formation de leurs boutons. La culture des ananas réclame beaucoup de soins dans ce mois, à cause de leur multiplication, et à cet effet on dispose, dans des coffres profonds, des couches de fumier de 55 à 70 centimètres d'épaisseur et bien tassées, qu'on recouvre encore de 15 à 25 centimètres de tannée neuve, et on entretient par des réchauds une chaleur de fond de 20 à 25 degrés centig., et dans cette couche on repique les ananas dans des pots de 15 centimètres, ou bien on les repique encore dans de la terre de bruyère en plein châssis. Mais le premier mode est préférable. D'une façon ou d'une autre, il faut toujours que les plantes soient assez près des vitres, car elles prospèrent mieux. Les soins des pieds faits, ou en formation, réclament aussi de bonnes chaleurs de fond dans une bonne bâche et mieux en serre, attendu que les nuits deviennent fraîches et qu'elles profiteront de la chaleur du thermosiphon.

NOVEMBRE.

Culture potagère de pleine terre.

Dans notre localité, le mois de novembre est celui où le jardinier doit se défier du froid ; aussi doit-il avoir sous la main une grande quantité de feuilles, de litière ou de long fumier pour garantir les plantes et les légumes des gelées, même des premières, qui sont toujours à redouter. C'est l'époque de l'année où l'on rentre toutes les plantes, les légumes et les racines, et pour cette opération il faut choisir, autant que possible, un beau temps, afin de les rentrer secs et bien essuyés. Les racines, telles que carottes, panais, betteraves, doivent être rentrées en cave, mais les navets seront conservés daus une fosse de 50 cent. de profondeur et recouverts de feuilles. On peut mettre en jauge dans la même fosse les scorsonères et un peu de poireaux, qui, recouverts de litière, peuvent, malgré le froid, être arrachés pour la consommation. Le céleri turc, pour être conservé, doit être divisé en trois lots ou saisons : le premier lot, après avoir été lié par un beau temps et arraché en petites mottes, sera placé dans une fosse semblable par rang et les uns près des autres ; le second lot, qui doit succéder à celui-ci, sera rentré dans une cave ou mieux dans un cellier, mais en mottes et sans être lié, avec la précaution de le placer de la même manière sur un lit de sable frais ; puis le dernier tiers, qui doit arriver ensuite, sera conservé par le même système, mais dans des coffres et sous châssis, avec couverture au besoin. Pour le céleri-rave, la conservation en est très-simple : on peut, à l'approche des froids mettre chaque bulbe dans une fosse ; on a soin de les débarrasser de leurs feuilles. On les garantit des gelées par une bonne couverture de litière. Même couverture sur la planche où a été élevé l'igname de Chine. Les chicorées et scaroles se conservent aussi par trois procédés et en trois saisons : 1° en liant les premières et les plaçant en mottes sur le sol au pied d'un mur au couchant avec couverture au besoin ; 2° les secondes, sans être liées et en mottes, dans une pièce aérée et à l'abri des gelées ; 3° les dernières, sans être liées et en mottes, sous châssis avec couverture. Les choux de Milan et autres se placent couchés les uns près des autres, sur le sol, le long d'un mur au nord, ou simplement en jauge, la tête tournée vers le nord, avec couverture de litière au besoin. Les brocolis demandent à être garantis du froid en les inclinant dans une petite rigole faite aux pieds et en couvrant la tige d'un peu de terre, puis par les grands froids en jetant des feuilles sur le cœur. Les coffres où sont les légumes doivent être entourés de feuilles ou de litière et recouverts de paillassons que l'on double au besoin. Dans ce mois, on lie et on empaille les cardons pour que l'on puisse, en cas de gelée, les lever en mottes pour enterrer les pieds dans un lit de sable fin dans un cellier. On butte les artichauts s'ils sont dans un sol sain, pour les couvrir ensuite de feuilles ou de long fumier après les avoir coupés à 30 centimètres au-dessus du sol ; mais dans un terrain humide et compacte, nous conseillons de ne pas les butter pour éviter la pourriture, mais de bien les couvrir de feuilles ou de menue-paille. On arrache en mottes les choux-fleurs qui marquent et on les plante en rangs serrés dans une jauge sur terreau, puis on les couvre de châssis et de paillassons, afin d'en jouir une partie de l'hiver. Les semailles à faire dans ce mois sont peu nombreuses, si ce n'est un peu de mâche d'Italie. Cependant, du 20 ou 25, il faut semer le pois Michaux sur une plate-bande exposée au midi et dans un sol rendu léger par addition de terreau de feuilles ou de sable ; on les préserve du froid en les couvrant de feuilles ou de litière. Dans les premiers jours du mois, on peut encore planter et repiquer sur ados exposé au midi des laitues de passion, romaines d'hiver, choux cabage ; puis, sous cloche ou sous-châssis des petits plants de laitues gotte, romaines variées, choux-fleurs, etc. ; on continue aussi la plantation des laitues Georges et d'Alger, chicorées et scaroles qui ont été repiquées dans le mois précédent. On choisit pour porte-graines les plus beaux navets, que l'on plante éloignés des autres crucifères et on les garantit du froid avec des feuilles. On met en pépinière les porte-graines de carottes et de panais dans du sable sur le sol du potager, et on les couvre de litière au besoin pour les transplanter en mars. Les plus beaux choux de Milan, de Bruxelles et autres se plantent également pour porte-graines. Mais c'est par boutures que se multiplient les choux d'Yorck et cabage ; on en trouve facilement sur les tiges au-dessous de l'endroit où l'on a coupé la pomme du printemps. A mesure que les carrés se vident, il faut effectuer les bêchages d'hiver très-profondément, sans diviser les mottes, et fumer abondamment.

Couches.

On sème les premiers pois sous châssis pour les replanter plus tard sur une autre couche. On peut aussi semer les premières carottes hâtives et quelques radis. On commence les premières couches chaudes pour forcer les asperges.

Arbres fruitiers.

Avant les gelées, il faut garantir les figuiers : après les avoir dépouillés de leurs feuilles, de leurs fruits et des branches inutiles, on les couche dans une rigole et on les charge de 20 à 25 cent. de terre en ados.

Le mois de novembre est le commencement des plantations d'arbres fruitiers. Il faut préalablement défoncer le sol et préparer la terre selon les espèces : les arbres à fruits à pépins demandent une terre profonde, substantielle et bien amendée, les fruits à noyaux se trouvent mieux d'un sol plus léger et même calcaire. Il faut toujours laisser rasseoir le sol avant d'effectuer la mise en place, pour que la greffe ne soit pas au-dessous du niveau du terrain, et surtout ne pas mettre de fumier non consommé sous les racines des arbres, attendu qu'en pourrissant le sol s'affaisse et leur existence est compromise. Les travaux de novembre se terminent par le dépalissage des branches fruitières des pêchers. On fait aussi quelques tailles dans les arbres languissants.

Jardins d'agrément.

La composition des nouveaux jardins, le remaniement des terres, le changement des corbeilles et des plates-bandes, la plantation des arbustes à feuilles caduques et celle des fleurs, telles que giroflées-ravenelles, pensées, silènes, myosotis, etc., doivent être les occupations du jardinier paysagiste à cette époque de l'année. Il peut aussi continuer les oignons à fleurs, tels que tulipes, jacinthes, crocus, narcisses, anémones, renoncules, mais sans fumure, seulement recouvrir chaque oignon de vieux terreau léger et consommé. Il faut ramasser beaucoup de feuilles pour abriter les plantes délicates et continuer le nettoyage des jardins. Les plantes sous châssis réclament beaucoup d'air par le beau temps, mais il faut avoir soin, à l'approche des froids, d'entourer les coffres de feuilles ou de litière, pour les préserver de la gelée Les pelouses réclament aussi des soins, après les avoir débarrassées des feuilles tombées des arbres, il faut les nourrir par du terreau ou des terres de fossés ou de mares mises en tas au commencement de l'année. Dans les plates-bandes, il faut, en les bêchant, diviser les touffes de plantes vivaces. C'est aussi l'époque favorable pour rempoter les quarantaines et quelques autres plantes, ainsi que pour arracher les dalhias et les rentrer après les avoir nettoyés et fait sécher.

Serres.

Les cinéraires, primevères de Chine et calcéolaires herbacés réclament des rempotages successifs et gradués. Ils doivent être gardés sous châssis jusqu'à la floraison ; donner beaucoup d'air aux cinéraires. Les plantes des serres rentrées dans le mois précédent doivent être débarrassées des feuilles jaunies. Il ne leur faut pas beaucoup d'arrosements. Si le temps est beau, donner de l'air aux serres, mais s'il fait froid, couvrir de paillassons et faire un peu de feu pour combattre l'humidité. Dans les serres froides et tempérées, il faut éviter de trop chauffer, afin de ne pas mettre les plantes en végétation. Il faut arroser très-modérément les camellias pour éviter la chute des boutons, et entretenir une chaleur de 5 à 8 degrés pour essuyer les feuilles. Les plantes de serre chaude ont besoin d'une chaleur de 12 à 15 degrés, avec un peu d'air pendant les heures du jour où la température le permet. Il faut avoir soin des œilletons d'ananas plantés dans le mois précédent, les arroser légèrement et leur donner un peu d'air lorsque la température est douce, mais à la condition d'entretenir une bonne chaleur de fond par des réchauds jusqu'à la hauteur de la bâche et de cesser de les ombrer. Les œilletons plantés au printemps demandent à être replantés à nu dans des pots de 18 à 20 cent. dans la terre de bruyère pure, et on les met sur une couche préparée à cet effet en plaçant les pots à une distance de 15 cent., puis on les arrose légèrement s'il fait du soleil, et on les ombre un peu les premiers jours ; mais il faut avoir soin de tenir la serre bien close et pendant la nuit de les couvrir de paillassons. Les pots d'achiménès, gloxinia, etc., demandent à être préservés de l'humidité, aussi a-t-on dû les placer dans l'endroit le plus sec de la serre.

DÉCEMBRE.

Culture potagère de pleine terre.

Ce mois, qui est le premier de l'hiver, est sujet à des variations brusques de température et à de fortes gelées. Il faut par conséquent être toujours muni de paillassons, de feuilles sèches, de litière et de long fumier, pour doubler les couvertures et éviter l'introduction du froid dans les endroits où sont conservés les légumes, et donner aux châssis et aux cloches de la lumière et de l'air toutes les fois que le temps le permettra. Mais si, malgré les précautions prises, quelques plantes avaient été atteintes par le froid, il ne faudrait pas les découvrir brusquement, mais bien graduellement, afin de les habituer à supporter une plus douce température. Les cloches et les châssis réclament un peu de soleil dans les grands froids, à condition de les recouvrir avant la disparition de l'astre radieux. Quant aux travaux de pleine terre, ils consistent à se dépêcher avant les grands froids de terminer les fumures et les labours d'hiver.

Le mois de décembre est celui où l'on vide les vieilles couches, on remanie les terreaux pour déposer séparément chaque sorte. Une partie sert à charger les couches neuves et le terreau usé est transporté sur les carrés du potager choisis pour les semis de plantes délicates et précoces, afin de servir de fumure. Les fumiers non consommés sont mis de côté pour servir de paillis. Il faut profiter des jours de mauvais temps pour faire des paillassons et éplucher les graines potagères qui doivent être conservées sèches et à l'abri des animaux rongeurs.

Dans les grands froids, il faut s'abstenir de remuer les oignons dans les greniers; on doit les couvrir d'une couche mince de longue paille. On doit aussi, si on ne l'a déjà fait, mettre des racines de persil et d'oseille sous châssis à froid, pour cueillir au besoin pendant l'hiver.

Couches.

Il faut confectionner les couches chaudes et mêler avec le fumier des feuilles qui l'économisent et aident à développer la chaleur. Il faut en faire successivement, tant pour les semis que pour repiquer et planter en place; ainsi on peut déjà en faire pour semer un peu de carottes hâtives, auxquelles on joint un peu de radis roses hâtifs, mais avec une chaleur très-modérée, comme aussi pour laitue gotte sous châssis près du verre ; mais pour romaine et chou-fleur, de vieilles couches sont préférables comme culture à froid. On met vingt romaines par panneau et on y intercale quatre choux-fleurs. On fait aussi des couches chaudes pour la culture des asperges vertes dites aux petits pois, puis on continue de chauffer les asperges blanches ou sur places, par des réchauds de 50 ou 60 centimètres de largeur et de profondeur, dont on recouvre les planches de châssis et de paillassons au besoin. Sur la fin du mois, on fait des couches chaudes pour les semis des premiers melons, auxquels nous renvoyons, pour plus de détails, à la note publiée à ce sujet dans un de nos Bulletins. On sème aussi, sur cette même couche, les premiers concombres. On peut aussi commencer les premiers semis de haricots hâtifs, comme le nain de Hollande, noir de Belgique et le blanc hâtif de Fitz-James. A cette époque, on préfère le semis en pépinière pour les repiquer, lorsqu'ils ont leurs cotylédons bien développés, sur une autre couche chaude préparée à cet effet. Mais pour cette première saison, le thermosiphon vaut mieux que la chaleur du fumier. On peut aussi commencer à entourer de réchauds les châssis de fraisiers, pour les exciter à entrer en végétation, seulement, toutes les couches demandent à être soigneusement garanties du froid par des paillassons, et si ce sont des cloches, les garnir de menue paille, ou mieux de feuilles bien sèches.

Arbres fruitiers et de pépinières.

On continue d'activer les plantations d'automne, qu'on ne suspend que par les grands froids. La taille des arbres à fruits à pépins peut être commencée, ce qui avancera le jardinier, à cause des grands travaux du printemps, tout en réservant les arbres les plus vigoureux pour ne les tailler que tard en saison, quoique maintenant la taille d'hiver ne soit qu'un accessoire des pincements et de la taille d'été dans la plupart de nos arbres fruitiers. On a dû dépalisser les branches fruitières du pêcher, pour fortifier les boutons à fruits et faciliter le nettoyage des murs et du treillage, en retirant les feuilles mortes et les nids d'insectes, et brosser les vermines qui envahissent habituellement les arbres.

Et si le dépalissage s'opère sur des murs en plâtre, on a soin de déposer les clous à part, on trie les loques de laine et on les dépose dans un four tiède pour détruire tous les insectes qui s'y réfugient. Si quelques arbres étaient souffrants ou chlorosés, il faudrait les déchausser jusqu'aux principales racines, en leur enlevant toute la couche de terre usée, puis la remplacer tout de suite par d'autre terre chargée de sel de fer, de gadoue, de boue des villes, de gazons des bords des chemins, ou bien encore de vase d'étang et une couche de vieille ferraille recouverte de fumier. Il faut surveiller avec assiduité les fruiteries. Les raisins conservés demandent à être épluchés avec soin. En culture forcée, tous les arbres fruitiers peuvent être mis en végétation. Dans les pépinières, on fume et on défonce les carrés qu'on se propose de planter.

Jardins d'agrément.

Au commencement du mois, on continue encore les travaux du mois précédent, qui n'auraient pu être finis. Dans les terrains secs, on tâche de terminer les plantations des arbres ou arbustes avant les froids, et on continue de préparer les terrains pour les plantations du printemps. On continue aussi la stratification des graines qui ne peuvent être semées à cause des gelées. On peut semer en terrine des graines d'arbres verts, pour les déposer ensuite sous châssis ou en serre. On continue la taille ou les élagages, ainsi que l'épluchage des bois morts dans les massifs. Les arbustes délicats et les jeunes semis d'arbres d'agrément qui craignent nos grands froids doivent être garantis par des couvertures de toutes sortes, et outre la couverture des tiges, il faut encore en garantir les pieds. Puis, par les mauvais temps, on prépare les tuteurs ainsi que des étiquettes. Il faut, après la chute des feuilles, labourer les bosquets et donner un coup de râteau aux allées. Les rosiers franc-de-pied demandent à être buttés pour les soustraire au froid ; par ce simple moyen, on a la jouissance des espèces même très-délicates. Mais il ne faut faire cette opération qu'à l'approche des grands froids.

Serres.

Les serres en général réclament beaucoup de surveillance, aucune feuille morte ne doit rester pour éviter la pourriture. Il faut faire du feu, quoiqu'il ne gêle pas, pour chasser l'humidité, et bien calfeutrer tous les endroits susceptibles de laisser pénétrer de l'air pendant les gelées et bien couvrir les vitraux de paillassons pour éviter d'être surpris par le froid ; il faut aussi bien regarnir le tour des bâches et châssis, pour prévenir le dégât d'une gelée. Tout ceci n'empêche pas d'entretenir la culture des plantes de serre, comme binage des pots, nettoyage des plantes et baguettage des branches qui s'allongent, ainsi que quelques rempotages partiels. On peut commencer à chauffer quelques plantes pour les faire fleurir en janvier ou février : telles que camellias, rhododendrum, azalée de l'Inde, plusieurs rosiers des quatre-saisons et du roi, et quelques lilas, dans des serres chauffées à 20 ou 25 degrés cent. Les serres chaudes demandent à peu près les mêmes soins qu'en novembre. Renouveler l'air toutes les fois qu'il est possible de le faire et

Chicorée sauvage et ses variétés,
— de Meaux,
— d'Italie,
— corne de cerf,
— Picpus.

Scarole ronde maraîchère.

Chou cabage hâtif,
— pain de sucre,
— de Vaugirard,
— Milan tendre d'été,
— Milan frisé à pied court,
— Milan rustique nain,
— de Bruxelles, perfectionné.

Chou-fleur demi-dur,
— dur,
— Lenormand.

Chou Brocoli Mammouth.

Ciboule blanche hâtive.

Civette commune.

Concombre blanc hâtif,
— cornichon vert petit,
— vert long.

Courge potiron Giraumon,
— — turban,
— — gros jaune des maraîchers.

Crambé ou chou marin.

Cresson de fontaine,
— alénois.

Échalotte commune.

Épinard d'Esquermes, ou à feuilles de laitue.

Estragon.

Fève de marais la verte,
— la naine à châssis.

Fraisier reine des quatre saisons,
— noire ou brune des quatre saisons,
— princesse royale,
— la Marguerite (Lebreton),
— sir Harris,
— belle de Paris.

Haricots rames de Soissons,
— de Liancourt,
— beurre blanc.

Haricots nains hâtif de Hollande,
— hâtif de Belgique,
— hâtif de Fitz-James,
— gris de Bagnolet,
— Soisson nain.

Igname de Chine. (Dioscorea batatas.)

Laitue de printemps gotte à graine blanche.

Laitue d'été blonde trapue,
— chou de Naples,
— grosse blonde paresseuse,
— palatine,
— de Russie.

Laitue d'hiver de passion,
— brune,
— blonde,
— Georges, } à châssis.
— d'Alger, }

Romaine verte hâtive,
— blonde maraîchère,
— grosse blonde de Brunoy,
— grosse blonde à graine blanche.

Mâche ronde,
— d'Italie ou régence.

Melon petit Prescott hâtif,
— gros Prescott id.
— cantaloup fond blanc de Gontier,
— d'Arkhangel.

Navet blanc hâtif à feuille entière,
— id. id. à collet violet,
— boule de neige,
— long hâtif des vertus.

Oignon blanc hâtif,
— id. de Nocera,
— jaune pâle des vertus,
— suisse.

Oseille vierge blonde.

Panais rond.

Patate ou **batate** rose hâtive d'Argenteuil,
— jaune,
— grosse blanche,
— violette longue.

Persil simple,
— double,
— tubéreux.

Piment poivre long.

Pimprenelle.

Poireau gros court de Rouen.

Pois Prince-Albert,
— nain à châssis de Gontier,
— Michaux hâtif,
— ridé ou de Knight,
— roi des Moëlles,
— le NAPOLÉON,
— doré de Fitz-James,
— sans parchemin, blanc à longue cosse.

Pomme de terre la Marjolin,
— Blanchard,
— jaune longue de Hollande,
— rouge longue de Hollande,
— pousse-debout,
— Hardy,
— Caillaud,
— ronde jaune de pays ou d'août,
— violette ronde,
— vitelotte commune,
— id. Delaville, violette unie.

Radis noir d'hiver,
— rose rond hâtif,
— rose demi-long hâtif.

Raiponce.

Scorsonère d'Espagne, ou **salsifils noir.**

Sariette des jardins.

Tétragone étalée.

Tomate grosse rouge hâtive,
— grosse rouge ordinaire.

FRUITS DE PREMIER CHOIX.

Abricotier de Nancy, ou pêche (Fin d'août).

Châtaignier marron doré de Lyon,
— de Lude ou Nouzillard.

Cerisier anglaise hâtive, (Mi-juin.)
— impératrice Eugénie, (Mi-juin.)
— royale tardive, (Comm^t d'août.)
— reine Hortense, (Comm^t de juillet.)
— de Spa, (Fin d'août.)
— belle de Choisy, (Comm^t de juillet.)
— de Montmorency, (Juin-juillet.)
— courte-queue, (Juin-juillet.)
— magnifique de Sceaux. (Comm^t d'août.)

Coignassier d'Angers,
— de Portugal.

Figuier blanche, (Juillet.)
— violette hâtive, (Comm^t de juillet.)
— Angélique,
— Madeleine. (Juillet.)

Framboisier merveille des 4 saisons blanche,
— — — rouge,
— Gambon,
— Hornet,
— belle de Fontenay.

Groseillier à grappes rouge,
— blanche,
— cerise.

Groseillier épineux à gros fruit blanc,
— — jaune,
— — rouge.

Mûrier à gros fruit noir.

Néflier à fruit monstrueux.

Noisetier franche blanche,
— — rouge.

Noyer commun,
— à coque tendre,
— tardif.

Pêcher abricoté, (Septembre.)
— belle Beauce, (Mi-septembre.)
— belle de Vitry, (Comm[t] de septembre.)
— Malte ou belle de Paris, (Comm[t] de septembre.)
— bon ouvrier, (septembre-octobre.)
— Brugnon-Chauvière, (Mi-septembre.)
— Brugnon violet hâtif, (Comm[t] de septem.)
— Brugnon-Standwick, (Comm[t] d'octobre.)
— Galande, ou noire de Montreuil, (Fin d'août.)
— Madeleine rouge de Courçon, (Comm[t] de septembre.)
— grosse mignonne hâtive, (Mi-août.)
— grosse mignonne ordinaire, (Fin d'août.)
— pourprée hâtive, (Fin d'août.)
— reine des vergers, (Mi-septembre.)
— téton de Vénus, (septembre-octobre.)

Poirier Alexandrine Douillard, (octobre.)
— arbre courbé, (Octobre-novembre.)
— baronne de Mello, (Octobre-novembre.)
— belle angevine, d'ornement (la plus grosse), (Mai-juin.)
— Bergamotte d'été, (Août-septembre.)
— Bergamotte Esperen, (Mars-Mai.)
— Beurré d'Amanlis, (Septembre.)
— — d'Angleterre, (Septembre.)
— — d'Apremont, (Octobre.)
— — d'Arenberg, (Décembre-janvier.)
— — Bachelier, (Octobre-décembre.)
— — Bretonneau, (Avril-juin.)
— — Capiaumont, (Octobre.)
— — Clairgeau, (Octobre-décembre.)
— — Diel, (Novembre-décembre.)
— — Giffard, (Juillet-août.)
— — gris, (Septembre-octobre.)
— — d'Hardenpont, (décembre-janvier.)
— — Hardy, (Septembre et octobre.)
— — de Luçon, (Décembre-janvier.)
— — de Nantes, (Septembre.)
— — Six, (Novembre-décembre.)
— — Sterckmans, (Décembre-janvier.)
— — superfin, (Septembre-octobre.)
— Bon-Chrétien d'hiver, très-bon à cuire, (Mars-mai.)
— — de Rans, (Novembre-février.)
— bonne d'Ezée, (Septembre.)
— Catillac, très-bon à cuire, (Janv.-avril.)

Poirier Colmar d'Arenberg, (Octobre-novembre.)
— Columbia, (Novembre-décembre.)
— Crassanne, (Novembre-décembre.)
— Cumberland, (Octobre.)
— Curé, bonne en terrain léger et chaud et
— à cuire en terre froide, (Novemb.-janv.)
— délices d'Hardenpont, (Novembre-décembre.)
— délices de Lovenjoul, (Octobre-novembre.)
— des Deux-Sœurs, (Octobre-novembre.)
— de Tongres, (Octobre-novembre.)
— doyen Dillen, (Novembre.)
— doyenné d'Alençon, (Janvier-avril.)
— — blanc, (Septembre-octobre.)
— — Boussoch, (Commencement de septembre.)
— — d'automne, (Novembre.)
— — Defais, (Novembre.)
— — d'hiver, (Décembre-Mai.)
— — de juillet, (Juillet.)
— — du comice, (Octobre-novembre.)
— duchesse de Berry d'été, (Fin d'août.)
— — d'Angoulême, (Octobre-novembre.)
— épargne, (Juillet-août.)
— épine Dumas, (Novembre-décembre.)
— Frédéric de Wurtemberg, (Septembre-octobre.)
— fondante des bois, (Septembre.)
— — de Charneu, (Octobre.)
— — de Noël, (Décembre.)

Poirier Howel, (Octobre.)
— Joséphine de Malines, (Janvier-Mars.)
— Louise bonne d'Avranches, (Septembre-octobre.)
— Mme Elisa, (Octobre-novembre.)
— Marie-Louise, (Octobre-novembre.)
— Martin-Sec, à compotes, (Décembre-janvier.)
— Messire Jean, (Novembre.)
— monseigneur des Hons, (Août.)
— Napoléon, (Octobre-novembre.)
— Nec plus meuris, (Décembre.)
— Nélis d'hiver, ou bonne de Malines, (Octobre-décembre.)
— nouveau Poiteau, (Octobre-novembre.)
— Passe-Colmar, (décembre-février.)
— pêche, (Août-septembre.)
— Rousselet de Reims, (Septembre.)
— Saint-Germain d'hiver, (Novembre-mars.)
— saint Michel archange, (Octobre.)
— seigneur (Espéren), (Septembre-octobre.)
— soldat laboureur, (Octobre-décembre.)
— Suzette de Bavai, (Février-avril.)
— Swans orange ou Onondaga, (Octobre.)
— triomphe de Jodoigne, (Novembre-décembre.)
— urbaniste, (Octobre-novembre.)
— van Marum, fruit d'ornement, (Octobre.)
— William, (Commt de septembre.)
— passe-crassanne, (Février-mars.)

Pommier api rose, (Hiver.)
— — noir, (Hiver.)
— blanche précoce, (Août.)
— Calville blanche d'hiver, (Fin d'hiver.)
— — rouge d'hiver, (Hiver.)
— court-pendu, (Fin d'hiver.)
— châtaignier, (Fin d'hiver.)
— Fenouillet anisé, (Hiver.)
— — Legros, (Hiver.)
— grand Alexandre, (Automne.)
— belle Joséphine, (Automne.)
— reinette d'Angleterre, (Décembre-Mars.)
— — de Caux, (Fin d'hiver.)
— — de Hollande, (Septembre-octobre.)
— — dorée, (Décembre.)
— — de Canada, (Décembre-février.)
— — franche, (Février-mai.)
— — grise, (Janvier-avril.)

Prunier de Coe's golden drop, (Septembre.)
— drap d'or d'Espéren, (Fin d'août.)
— Mirabelle la petite, (Août.)
— — la grosse, (Mi-août.)
— Monsieur hâtif, (Fin de juillet.)
— reine Claude verte, (Août.)
— — violette, (Septembre.)
— — de Bavai, (Fin septembre.)
— — de Bavai hâtive, (Fin de juillet.)

Vigne chasselas de Fontainebleau, (Septembre.)
— — gros Coulard, (Fin d'août.)
— — Rose, (Septembre.)
— Frankenthal, (Octobre.)
— muscat violet hâtif, (Fin septembre.)
— précoce musqué, (Fin d'août.)
— Madeleine noire précoce, (Août.)
— chasselas musqué de Sillery, (Septembre.)
— chasselas Vibert, (Commencement de septembre.)

www.ingramcontent.com/pod-product-compliance
Ingram Content Group UK Ltd.
Pitfield, Milton Keynes, MK11 3LW, UK
UKHW021119260726
13994UKWH00002B/938